発信する勇気

「自分らしい」　は

最高の出会いを作る

末吉宏臣
Hiroomi Sueyoshi

きずな出版

はじめに

あなたは、SNSなど、日常的に情報を発信していますか？

たまにネットで調べ物をしたり、SNSで友人の投稿をチェックしたり、YouTubeで動画を観たりすることはあるかもしれません。

ですが、おそらく発信する側には、回っていないのではないかと思います。

ただ、この本を手に取ってくださったということは「始めてみたいけれど面倒くさい」「批判されるのが怖い」と感じているかもしれません。

または、現在発信はしているけれど、自分の奥にある本当に大切なことは言えていないと感じている人もいるでしょう。

私はすべての人に、「発信するべきです！」と言いたいわけではありません。

でも、発信するだけでまったく人生は変わります。

それをお伝えしたくて、この本を書きました。


これまでは、自分の思いより相手の気持ちを優先する、自分の意見を押し殺してでも周りに合わせることがよしとされてきました。

しかし、SNSやブログ、YouTube、Instagramなどの普及《ふきゅう》で、本当は思っているけれど抑えていたこと、表現したいと思いながらも我慢してきたことを、自分の場を作って自由に表現できる時代になりました。

自分の意見をはっきりと発信できるようになったということです。

あなたは、「これはいい・悪い」「これは好き・あれは嫌い」「私はこれをやりたい・これはやりたくない」と自分の意見を言えているでしょうか？

私もそうですが、思っていることを正直に表現するのはなかなか大変なことです。

しかし、**ありのままの自分を見せることを怖がり、本音に蓋をして相手に合わせていたら、自分自身が苦しくなっていきます。**

これこそが、いまの社会の生きづらさの原因ではないかと思います。

だからこそ、発信する勇気を持って、あなたの思っていることを表に出してほしいのです。

考えがまとまっていなくても大丈夫です。

うまく表現しようとか、誰かの役に立たなければと力む必要もありません。

伝えたいことは自然と明確になっていきますし、ありのままの、あなたの発信に共感する人が出てきます。

さらに、あなたの発信に合わせるように、現実は変化し始めます。

自分から発信することは、「この指止まれ」をするようなものです。

あなたと波長の合う人や出来事が、あなたの周りに集まります。

私のクライアントさんのなかには、うつ病で長年苦しんでいたけれど、ブログで発信し始めたら応援してくれる人が現れました。

SNSを通じて、仕事の9割以上を営業もかけずにいただけている友人もいます。自分のプライベートや仕事での気づきを発信していたら、やりたいことが見えて独立するという夢が叶った例もあります。

つまり、発信することは、新しい自分を発見させてくれたり、仕事や出会いにつながることもあれば、素晴らしい未来を引き寄せてくれたりもするのです。

この本を通じて「同じような毎日でつまらない」「いまの人間関係に悩んでいる」「やりたいこともわからない」と感じている状態から抜け出すきっかけになれば嬉《うれ》しいです。

さあ、自分から発信する勇気を持つことで、心の奥で望んでいた人生を実現する旅を一緒に始めましょう。

末吉宏臣

目次

目次

第1章 なぜ、人は勇気が持てないのか？

第2章

発信する人生、発信しない人生

目次

第3章 「いまのあなた」にこそ、発信する価値がある

第4章 さぁ、あなたも発信してみよう!

目次

第5章 発信にまつわる不要な思い込みや感情を手放す

目次

目次

発信する勇気

末吉宏臣

プロローグ

1億総発信時代で、苦々しい思いをしている人が増えている？

SNS時代の新しい格差

現代は、1億総発信時代と呼ばれることがあります。

SNSやブログの浸透《しんとう》、YouTubeやTikTokなどの登場によって、すべての人が簡単に情報を発信できる時代になりました。

これまで発信といえば、学者や経営者、アーティストなど実績がある人や、すでに影響力を持っている有名人といった特別な人だけがするものでした。

しかしいまでは、**会社員や主婦、学生など普通の人でも発信できるようになったのです。**

それによるポジティブな影響もあります。

SNSを通じて友人の近況を知ることができたり、物理的距離を越えていろんな人とつながれたり、YouTubeなどを通じて有益な情報を簡単に仕入れられるようになりました。

いっぽうで、苦々しい思いをしている人も増えているのではないでしょうか?

同じような境遇にいた会社の同僚やママ友が、キラキラした日常やビジネスでうまくいっている様子を発信し始めたり、何万人ものフォロワーを抱《かか》えるインフルエンサーになったりすることがあります。

私も、同世代の友人があるときを境に、発信を通じてめきめきと目立ち始め、活躍しだしました。

友達だと思っていたのに急に心の距離を感じ、それどころか嫉妬《しっと》心が湧いてきたのです。

ここに書くのは恥ずかしいですが、その人のことを素直に喜べなかったし、「あの人は変わってしまった」などと批判的な気持ちを持っている自分がいました。

知り合いに限らず、ネット上には才能溢《あふ》れる人がたくさんいますし、自分と何も変わらないように見える人が成功を手にしている姿が嫌でも目に入ってきます。

頭ではそんなことを思ってはいけないと思いつつも、どいつもこいつも発信しやがってとか、SNS映えすることばかり考えてと思ってしまう、そんな気持ちに共感してくださる方もいるのではないでしょうか。

私もいつか発信した方がいいかなと思っていたにも関わらず、彼らの姿が眩《まぶ》しくて、何年も一歩を踏み出す勇気が持てませんでした。


SNS時代になって、新しい格差が生まれたのです。

この格差は、いいねの数やフォロワー数として可視化されます。


その結果、自分に自信を失う人や、自分も発信した方がいいのではないかと焦ったり、なんとかして自分も承認されたいといった、過去にはなかったプレッシャーがかかるようになったのです。

この流れはますます加速するでしょうし、時代に逆らうことはできません。

どのように対処し、どのように合わせていくのかを知っておくことは、これからを生きていく上で大切なことなのです。

発信する勇気が持ちにくい時代

この時代の変化は、苦々しさと同時に、生きづらさも生み出しています。

最近までただの会社員や専業主婦だった人が、何万人、何十万人に自分の意見を届けることができるようになりました。

その大きな光の裏には、「自分も、多くの人から認められたい、評価されたい」という自己承認欲求の肥大化が起こっているのです。

誰もがシンデレラになれるかもしれない時代となれば、そういった現象が起こるのも不思議ではありません。

ちょっとでもSNSやネットを覗《のぞ》いていたら、無自覚のうちに劣等感が刺激され、焦ったり悩んだりして、不必要に「自分には価値がない」と感じてしまう人も増えています。

この本を書いているときも、「こんなの誰が読むんだ」「果たしてこれでいいのだろうか？」と眠れない日々が続きました。

まさに、自分から発信する勇気が持ちにくい時代になっているのです。

また、いいねやフォロワーをたくさん集めたいからと、自分をよく見せるために誇大《こだい》広告的な発言をする人や、無茶をする人も出てきました。

その結果、偽《いつわ》りの自分を演じているのが苦しくなったり、炎上して本業やプライベートにマイナスの影響が及《およ》んだりする場合もあります。

発信することを怖いと感じたり、慎重になったりするのも無理はありません。

むしろ多少の不安や心配を持っているくらいの方が、正常な感性を持っていて、危機管理能力があるといえるかもしれません。

あなたが発信する勇気が持てないのは、誹謗中傷《ひぼうちゅうしょう》や炎上、自分をよく見せようとする発信ばかりが目につくからかもしれません。

SNS社会の課題とリスクを頭に入れておくことで、余計な問題を避けられるのです。

発信という新しいコミュニケーションの形

自分から発信しようという勇気が持てなくても仕方ない状況ともいえるのですが、これからは、コミュニケーションの形が変わっていきます。

「一対一」のコミュニケーションがなくなることはありません。

しかし、私たち一人ひとりが「一対多」で発信をして、それをお互いが受け取り合うというコミュニケーションが生まれました。

これは、SNSが現れる前の世界にはなかった、新しいコミュニケーションの形です。

以前は、身近な人たちと日常生活において直接交流していました。

いまはそういった範囲を大きく超え、不特定多数の人に向けて話しかけたり、意見を伝えて交流する時代です。

これまで存在しなかったわけですから、あまり必要性を感じなかったり、苦手意識を持ったりするのも無理はありません。

たくさんの人に向けて言いたいことなんかないと思ったり、どういう受け取り方をされるかわからないのに発信したりするのは、面倒くさいと感じるのも当然です。

しかし見方を変えると、**自分の気持ちや意見を押し殺して、相手や場に合わせることなく、どんどん表現できる時代になったということでもあります。**

そこには住んでいる場所も、年齢も関係ありません。

一対一の人間関係だと、その場で受け答えをしないといけないので、つい相手に合わせてしまうことがあったかもしれません。

周囲に合わせることに慣れてしまって自分がおろそかになり、自分の心や本音が見えなくなっている人もいるでしょう。

しかし、一対多で発信するときには、落ち着いて自分の考えを整理して、感じていることや意見を伝えることができます。

あなたがまず関係をよくしなければならないのは、他の誰でもなく、あなた自身です。

一人ひとりが自分の足でまっすぐ立ち、自立した上で自由に関わっていく、そんな人間関係に変わっていくと思います。

発信のプロセスを通じて、自分との関係がよくなり、本当の意味での自立ができます。ありのままの自分を見せるのを恐れて、仮面をつけてコミュニケーションを取るという古い時代のやり方を手放すことができるのが、発信というコミュニケーションなのです。

本書は、発信に関する本であり、勇気についての本です。

人の目を気にしてやりたいことや言いたいことを我慢した、偽りの自分で生きるのをやめる勇気、自分自身を取り戻し、ありのままの自分を表現する勇気の本です。

同時に、具体的に、何を、どのように、どんな媒体《ばいたい》で発信すればいいのかということについても書いています。

読み進めるうちに、「これなら自分にもできそう」「こんなことを始めてみよう」と思ってもらえると思います。

ぜひお楽しみください。

第1章

なぜ、人は勇気が持てないのか？

なぜ、人は勇気が持てないのか？

自分が発信する意味なんてない、と感じている人がたくさんいます。

「自分よりもすごい人が、素晴らしい発信をしている。だから、自分が発信しなくてもいい。こんな素人レベルの発信をしても意味がない」

いざ何かを発信しようとすると、このように感じてしまいがちです。

別の言い方をすると、「自分には価値ない」と言っているようなものでしょう。

これが、多くの人が自分から発信する勇気が持てない理由です。

ですから、もしあなたがいま、「自分なんて」という思いから発信するのを躊躇《ちゅうちょ》しているのだとしたら、その気持ちはよくわかります。私も通ってきた道だからです。

「自分なんて」と思ってはいけないとは言いません。

ＳＮＳを覗いたりしていると才能溢れる人たちがたくさんいますし、そのたびに「自分なんて」と感じてしまっても仕方ありません。

自分の意見を言う勇気が持てなくても当然ともいえるでしょう。

けれども、それを理由に発信をしないのは、もったいないことです。


私は誰もが生まれながら、価値を持っていると考えています。

その価値とは才能や知識、経験、魅力など、その人ならではの「何か」です。

あなたが発信すると、その「何か」を受け取ってくれる人が必ず現れます。

自分では「こんなことを発信しても意味がない」「自分の発信になんて価値がない」と思う内容でも、誰かの役に立ったり、喜びや楽しさにつながったりすることがあるのです。

あなたのことを大好きと言ってくれる人、応援してくれる人が集まってくるのです。

それは、その人が特別な人だったから起きたわけではありません。

自分が自分のことをどう思おうと、発信を始めたら、誰の身にも起きうることです。

しかし、その事実を知らないために、一歩踏み出す勇気を持てない人が多いといえます。

どうしたら、勇気が手に入るのか？

数多くの研究により、「本当に優秀な人ほど自信がない」という結論が導《みちび》き出されています。

言い換《か》えると、素晴らしいものを持っている人ほど、勇気が持てないということです。

あなたは自分に自信がありますか？

もし発信することに怖さを感じ、勇気が出ないとしたら、実はそれこそがGOサインかもしれません。

私は発信するたびに、「自分には価値がない」と1、000回思いましたが、1、001回「それでもやってみよう」と思い直しました。

本書の原稿を書いたときも、不安でうなされながら目を覚ますこともあり、書いては止め、書いては止めを繰り返しながら、ようやく書き上げることができました。

完成したあとも、悲しいことに何回読んでもつまらなく感じます。

最後の最後まで不安と恐れはなくなりませんでしたが、残っている1パーセントの勇気を振り絞《しぼ》って、メンターである本田健《ほんだけん》さんに原稿をお送りしました。

「どうせダメだよな」などネガティブな気持ちがとめどなく湧いてきます。

これが受け入れられなかったら死んじゃう、くらいの気分でした。

すると、「早速読んだよ。面白かった！」と想定外のお返事がきたのです。

全身から力が抜けるのがわかりました。


あなたには、自分が思っているより価値があります。

自分からしたら価値があるようには感じられず、もっといえば、下手くそでダメなものにしか感じないかもしれません。

しかし、**どんなに自信がなくても、自分のなかにあるものを出してみたら、不安や心配ばかりの想像とは違った好意的な反応が返ってくるかもしれません。**

あなたにとって勇気が出ないことは何でしょうか？

それはあなたにとって大切なこと、人生を大きく変えるかもしれないことだからこそ、勇気が出ないのかもしれません。

実は、怖さを感じたり、どんよりした気持ちになるのは、勇気を出している証拠なのだと覚えておいてください。

自信がないままでいいので、一歩踏み出してみましょう。

そこから、あなたの人生は動き始めます。

勇気は大胆でなくていい、小さな勇気でいい

いざ「やってみよう」と決めても、何も書けない、話せないこともあると思います。

そんな状態が長く続いている人もいるかもしれません。

私の場合もそうでした。

なんとなく本を書けたらいいなと思ったのが10年ほど前のことで、本格的に書こうと思

ってからでも、本書の執筆《しっぴつ》をする勇気が出るまでに5年かかりました。

しかしその間、何もしていなかったかというとそんなことはありません。

勇気というと、崖《がけ》から飛び降りるようなイメージをする人もいるかもしれません。

しかし、そんなことはないのです。

ちょっとずつ出す勇気もあります。


私はまず、noteという媒体でブログを書き始めました。

次に、誰でも出せるようになった電子書籍の出版に取り組んでから、ようやく本書の出版に至ったのです。

10メートルの崖を素手で登るには相当の修行が必要でしょうが、小さな階段を使えば素人でもらくらく登れます。

それと同じです。

勇気があまりいらないところからスタートしましょう。

ちなみにnoteで発信する前は、Facebookに自分の近況《きんきょう》を2、3行だけ書いていました。

勇気というのもおこがましいほど、小さなところから始めました。

小さな勇気を出していったら、あなたのやりたいこと、本来やるべきことが向こうから近づいてくるのです。

他人の目が気になって一歩が踏み出せないあなたへ

もう一つ、勇気が持てない理由として挙げられるのが、「他人の目が気になる」ということです。

他人にどう思われるのか気になる、嫌《きら》われるのが怖いという気持ちは、誰にだってあります。

ネットのニュースなどを通じて、自分の意見を批判されたり、炎上したりしている様子を見た経験もあるでしょう。

このように発信のネガティブな面がクローズアップされることも多く、私たちのなかで恐れの意識が大きくなっています。

ですから、自分から発信する勇気が持てないのも当然です。

一つ、興味深い実験結果がありますのでシェアさせてください。

100人ほどの人がいて、それぞれに「○○さんのことをどう思いますか?」と質問をしました。

その方がどんなに相手によく見られるような発言や、振る舞いをしたとしても、約2割は好きと答え、別の2割は嫌い、残りの6割は浮動票《ふどうひょう》となったそうです。

あなたが何を言おうが言うまいが、あなたのことを苦手と思う人もいれば、好きと言ってくれる人もいるということ。

相手が自分のことをどう思うかコントロールすることはできないということです。

この事実を知っておくと、自分の思っていることを発信する怖さが和《やわ》らぎませんか?

これは発信に限ったことではありません。リアルな人間関係も同じです。

嫌われないようにと細心の注意を払ったとしても、相手によく見られようと頑張ったとしても、結果はあまり変わらないということ。

だとしたら、あなたが本音で生きることと、嫌われないようにすること、自分にとってどちらが大切なのか、胸に手を当てて聞いてみてください。

ちょっと勇気を出して、本当に思っていることを表現し始めたら、「そんなあなたが好き」と言ってくれる人が現れます。

あなたが恐れを持ったまま自分を隠していたら、本当のあなたを好きと言ってくれる人は現れず、本音で誰かと関係を築《きず》くこともできないのです。

自分から発信を始めたら、中には批判してくる人も出てくるかもしれません。

でも、たった1人でもあなたのことを素敵と言ってくれる人が現れたとしたら、その人のことを大切にすればいいのです。

そうすれば、好循環が生まれます。

私が数年前にnoteを書き始めたとき、最初にサポート（投《な》げ銭《せん》）をしてくれた人のことを覚えていて、その人が数年越しにイベントに来てくださり感動しました。

大切に思い合える仲間が、徐々にかもしれませんが確実に増えていくことになります。

あなたの小さな勇気から、すべてがスタートするのです。

発信する7つの勇気

ここからは、もっと具体的にどんな勇気が必要なのかお話ししていきます。
まとめると、次の7つの勇気があります。

❶間違うことを恐れない勇気
❷過去の経験をすべて活かす勇気
❸自分という人間を伝える勇気
❹下手なままでも出す勇気
❺数字に振り回されない勇気
❻自分から人とつながる勇気

❼自分や大切な人を守ってあげる勇気

それぞれについて説明していきましょう。

発信する勇気①▼間違うことを恐れない勇気

私たちは学校教育によって、「正しい答えがある」という価値観が刷《す》り込まれています。

みんなと一緒でなければならない、自分の考えていることは間違っているのではないかと恐れている人がたくさんいます。

このような学校教育的価値観が、勇気を持ちづらい社会にしています。

たとえば、子育ては褒《ほ》めたらいいという人もいれば、褒めてはいけないと主張する人もいます。

さて、あなたはどちらが正解だと思いますか？

そもそもこの問題に「正解」があるのでしょうか？

子育てに限らず、健康やビジネス、恋愛や転職、料理や自己啓発《じこけいはつ》など、あらゆるテーマにおいて「正しい意見」も「間違った意見」も存在しないのです。

正解がないのですから、間違った答えもないということです。

この事実がわかってくると、自分の意見を発信することが怖くなくなります。

すると、正解のように思える常識や他人の意見にとらわれず「自分の頭で自由に考えて、正直に発言していいんだ」という自分に対する許可を出せます。

インターネットやＳＮＳが普及したことによって、多様な意見が受け入れられる土壌《どじょう》ができている現代は特に、自分独自の意見こそが正解と言っても過言ではないのです。

むしろはっきり意見を言った方が、あなたのことをいいと思う人が集まります。

どんなことを言っても間違いということはありません。

勇気を出して自分の思っていることを発信した人から、あなたに共感する友人やお客さんに囲まれるようになるのです。

発信する勇気②▼過去の経験をすべて活かす勇気

あなたはこれまでの人生のなかで、やりたいことを否定された経験はありませんか？

もしくは自分の意見を言ったのに、むげに扱われたことはないでしょうか？

私たちは、これまで傷ついてきた体験から、自分の思いを発する勇気を失っています。

どうせ何を言っても批判される、大切に扱われないと感じてしまいます。


あるクライアントは、小さい頃からアートやファッションに興味を持っていました。

大学進学時に、勇気を出してその分野の専門学校に行かせてほしいとお願いしたのですが、それでは食べていくことができないからという理由で却下されました。

ショックを受けた彼女は、地味な洋服しか着られない事務の仕事について、十数年の年月を過ごします。

それでもいろんな雑誌を読み、私服でおしゃれを楽しんでいたそうです。

そんなある日、勇気を出してファッションに関するブログを書き始めました。

いまではその人に合った服を選ぶコンサルタントとしてファッションを仕事にしています。

あなたも、ずっとやりたかったことを思い出すことがあるかもしれません。

どんな自分も肯定する勇気を持てば、あなたの過去はたくさんの人にとってのギフトになるのです。

発信する勇気③▼自分という人間を伝える勇気

有益で役に立つことを発信しなければならないという空気があります。

そうしないと、誰も読んでくれないと思っている人もいると思います。

それだとハードルが高く感じて、発信を始める勇気が持てなくても仕方ありません。

また、自分が持っている知識やスキルを提供しようと発信を始めたのはいいものの、途中で息切れしてやめてしまう人をたくさん見てきました。

ずっと読者や視聴者を満足させ続けられるか不安を感じて、勇気を持てないケースもあります。

必ずしも「有益で役立つ情報」だけが発信する価値のあるものではありません。

「その人がどんな人なのか、よくわかる発信」が、これから求められる発信なのです。

学校や職場でも、優秀でなければ承認を得られないわけではありませんよね。

飛び抜けて優秀だったり、ユニークだったりしなくても、一定期間コミュニケーションを取れば、承認を得られるものです。

それは、その人がどんな人なのかという情報が伝わるからです。

人に与えられるものがないからと勇気を出せないのは、もっと気軽に自分のことを話すだけで開くはずだった扉をみすみす見逃すことかもしれません。

リアルな人間関係でも、話しているだけで楽しいこともあるのと同じです。

発信する勇気④▼下手なままでも出す勇気

たくさんの人に支持される発信者は、同じ分野に取り組む他の人よりも、発信の質が優《すぐ》れていたわけではないことも多いです。

自分では下手だと思ったとしても、そのまたくさん発信すると、オリジナリティの高いものが生まれる確率が高くなります。

歴史的に有名な劇作家のシェイクスピアでさえ、彼の作品のうち、私たちが知っているものはほんの2つ、3つ、よくても5つくらいではないでしょうか？

しかし彼が、生涯で200近い作品を作っているという事実はあまり知られていません。

つまり、シェイクスピアでさえ、大ヒットした作品はひと握りなのです。

真面目な人や優秀な人ほど、何かしっかりしたものを作り上げてから発信しなければと気構《きがま》えてしまうでしょう。

でも、もっと気軽に「最近よく考えていること」や、「ちょっと踊ってみた動画」、「描き始めたイラスト」をアップしても何の問題もありません。

そこから人気に火がつくケースもざらにあります。

むしろプロセスエコノミーという言葉もありますが、その**過程にこそ価値を感じる人がいて、大きなビジネスチャンスが生まれているのです。**

発信する勇気⑤▼**数字に振り回されない勇気**

勇気が出ない人の多くは、自分のやったことが数字として表れることを恐れています。

いいねが少なかったり、フォロワーが増えなかったりすると不安になってしまいます。

「書いたことや話したことが悪かった」「自分がダメだった」などと捉《とら》えてしまいがちです。

年収1億円を超えているマーケティングのメンターからある告白を受けて、驚《おどろ》いたことがあります。

「実はね、いま話していることと、食べていくだけのお金も稼げなかった時代に話していたことは同じだったんだよ」

信じられないという顔をしている私に、こう続けられました。

「だから、自信を持っていいんですよ」

いきなり100％は信じられませんでしたが、「自分も、もしかしたら」と明るい気持ちになったのを覚えています。

よく考えると当たり前なのですが、数字とあなたの価値は関係ありません。

SNSの友達やフォロワー数は数十人、数百人と多くありませんが、そこから軽く年収1,000万円以上を稼いでいる人もたくさんいます。

数字には表れない強い信頼関係ができていて、その裏で感動のストーリーが起こっているのです。

発信する勇気⑥▼自分から人とつながる勇気

いきなりYouTubeチャンネルを開設したり、長文のブログを書いたりすることには抵抗がある人もいると思います。

自分から発信するのは難しくても、誰かの発信に「反応する」ことはできるのではないでしょうか？

自分からいいねやスキを押して、「勉強になりました」「この写真すてきですね」などコメントをしてみるのです。

そこから交流が始まります。

人は自分に関心を持ってくれる人のことが好きになります。

私もコメントをくださる方のことは気になって、ときどきチェックしたくなります。

あるときまで、私は強がっていいねやコメントをしない時期がありました。

いまになってみると、その頃の発信の楽しさは、いまの半分もなかった気がします。

さまざまなタイプの人たちとつながっていくと、自分の世界も広がっていきます。コーチングに興味を持つかもしれませんし、料理や旅行、ハンドメイド、心理学やビジネスなど、自分の好きなものが増えます。

さらには、自分の知らなかった一面が見つかり、「私がやりたいことはこれかも！」と自己理解が進むこともあるのです。

発信する勇気⑦▼自分や大切な人を守ってあげる勇気

発信する勇気といっても、自分のすべてをさらけ出す必要はありません。

話したくないこと、見せる必要のないことは表に出さなくて大丈夫です。

発信が当たり前になったからこそ、自分を上手に隠すことのほうが大切になります。

周りからの承認を求めすぎてしまうと、なんでもかんでも情報を出して、やたら相手の期待に応えようとして自分を見失うことになりかねません。

自分や大切な人を守るために、出さないものを決める勇気を持ちましょう。

また、いざ発信をスタートすると、いつも何らかの情報を出していなければ不安になる人もいます。

ちょっと休むことや、継続していることをやめると「みんなからの注目がなくなるのではないか」という恐怖を感じるのです。

インフルエンサーのなかでも、その無理が溜《た》まりに溜まって爆発して、問題を引き起こすケースがよく見られます。

何よりもまず、自分のペースや本心を守ってあげる勇気が大切なのです。

その安心感があなたの発信活動を幸せで豊かなものにしてくれます。


いかがでしたか？　読んでいて「なるほどなぁ」と思った人もいるかもしれません。

読む前よりは、人の目を気にして自分の意見を押し殺すのは嫌だなと感じ始めて「自分の思いや本音を発信してみてもいいかも」と思えてきた人もいるのではないでしょうか。

あなたの発信には、これまでの人生のすべてが入っています。
それは、誰も否定できません。

他人の目を気にしたり格好をつけたりせず、今のままの自分で発信を始めてみてください。

ありのままの自分を発信する勇気がもたらす素晴らしい変化を、次の章でお話ししたいと思います。

第2章

発信する人生、発信しない人生

なぜあなたは、発信しない人生を選んだのか？

あなたは、なぜ発信しないのか考えたことはありますか？

人によっては、そもそも会社から発信を禁止されている場合もあると思います。

プライバシーを守りたいという人もいれば、むやみに目立ちたくないという人もいるでしょう。

不特定多数の人たちに言いたいことなんてないし、発信内容を考えるのは面倒くさい、それで何の不便もないというのも正直なところではないでしょうか？

確かに、発信をしないことですぐに困るという人は少ないと思います。

なんとなく発信していない人が多いのも理解できます。

ただ、ここ最近で世の中の仕組みや価値観が大きく揺らいでいることを、実感している人は多いのではないでしょうか。

いままでの常識が通用しなくなり、「これが当たり前だよね」「こうしていれば大丈夫だよね」という感覚もどんどん変わってきています。

発信についても、実はそうなのです。


たとえば、インターネット上でどんな発信をしているかで、あなたという人間が評価され、判断されるようになる、そんな時代がきています。

LINEポケットマネーというサービスでは、LINE上でどんなやり取りをしているかをAIがチェックし、いくらまでお金を貸せるのかを決めるという実験が行われているそうです。

「もうここまできているのか」と驚きましたが、実はもうこれも少し前のことです。

先日も、新卒採用の際、調査会社に依頼し、候補者のSNSをチェックして採用基準としている、というニュースが出ていました。


変化のスピードは私たちが思っている以上に早く、「ネット上の人格形成」がますます

大事になっていきます。

なぜなら、私たちはいま以上にインターネット上で「暮らす」ようになるからです。

人によってはすでに、長時間スマホを覗きこんで、多くの時間をインターネット上で過ごしているのではないでしょうか。

実際に、私のお客さんの8割以上は、私と直接顔を合わせたり、話したりしたことのない、インターネット上の「末吉宏臣」という人格を信頼してくださったからこそ、お金を出してくださっています。

もしかしたら、ネット上に自分のことを発信しないのは、昭和や平成の時代に学歴や職歴を習得しなかったのと同じくらい不利になるかもしれないのです。

あなたがどんなことを考えていて、何が好きで嫌いで、どんなことが出来るのか。

つまり、「ネット上の人格」を明確にしなければ、インターネット上においては、あなたがどんな人間なのかわからないという事態に陥ります。

極端に言えば、存在しないのと同じになってしまうのです。

発信しないことで、人生の主導権が奪われている

もう少し、発信する勇気を持たないことで損をしていることについてお話ししましょう。

自分から発信するというのは、チャンネル登録数100万人を超えるYouTuberを目指すことや、情報商材で稼《かせ》いでほしいということではありません。

自分の意見を持って、ありのままを表現することです。

多くの人は、自分から主体的に意見を言ったり、しっかりと自己決定したりしなくても、案外普通に生きていくことはできます。

学校を卒業したら働くのが当たり前で会社に就職し、自分では選ぶことができない上司や同僚とつき合い、なんとなく時期がきたら結婚して子どもが生まれ、そのままなんとなく年を重ねていきます。

しかし、「これが、本当にあなたが選んだ人生ですか？」と聞かれると、自信が持てない人もいるのではないでしょうか。

なんとなく毎日楽しく幸せに暮らしているのに、親や社会に流されるように生きてきたようにも感じられる。

客観的には悪くない状況なのに、なぜか他の人の生き方がうらやましく感じてしまい、「なぜ自分はあんなふうに生きられなかったのだろう」と落ち込んでしまう。

実は、発信を始める前の私がそうでした。

そこから発信をスタートさせたことで、ちょっとずつ自己理解が進みました。しだいに、自分で自分を肯定できるようになり、人からの評価がさほど気にならなくなっていったのです。

すると面白いことに、周りの人たちからも認められるようになり、なにより、本音の自分で自由に人生を選択できるようになりました。

「これが自分の人生だ！」と深いところから満足できている人と、「本当にこれでいいのか？」と不安が消えない人の違いが、発信と自己確立にあると私は考えています。

発信しないと、ストレスを溜め込みやすくなる

現代は膨大《ぼうだい》な情報にあふれていて、何もしなくても情報が入ってきます。

相当意識しなければ、インプット過多になってしまって当然です。きちんとアウトプットとして発信をしていれば、自分の思いや考えをコンスタントに表に出すことになります。

そうすることで、感情や思考の整理ができて内面を整えることができるのです。

いっぽう発信をしていない場合は、その逆のことが起こります。

情報がどんどん押し寄せてきて、自分に芽生《めば》える思いや考えを心のなかに閉じ込めて、どんどん溜めていくのです。

それらはやがて、ストレスの塊に変化して心身を蝕《むしば》んでいきます。

そして何かの拍子に爆発して病気になったり、トラブルを起こす原因になったりするのです。呼吸と同じように、入ったら出さなければなりません。

インプットとアウトプットのバランスを取るためにも、発信することを心がけましょう。

発信することで起こる7つの素晴らしい変化

少し怖いことを言いましたが、時代は確実にそちらに流れています。

逆を言えば、あなたが発信する勇気を持てたら、想像を超えたことがあなたのもとに訪れるのです。

ここからは、そのことについてくわしく話したいと思います。

私は2017年に発信を始めてから、数えきれないほどの素晴らしい変化を体験してきました。

当時の私の様子はnoteに残っていますので、お時間のあるときにぜひ読んでみてください。

特別な才能があったからできたのではないことが、おわかりいただけると思います。

これからお話しする素晴らしい変化は、あなたの身にも起こることです。

さっそく、1つ目から見ていきましょう。

発信による変化①▼自分に対する理解度がどんどん深まる

先に触れたとおり、私たちは何らかの出来事が起きないと、自分の感情や思考に意識を向けることはほぼありません。

けれども発信するためには、それらに意識を向ける必要があります。

そうしなければ、表現することができないからです。

最初は少しずつかもしれませんが、発信を続けていくと自分がどんな人なのかが見えてきます。

それはやがて、「こんなことをやってみたかった」「こういう人生を生きてみたい」「自分にはこんな一面があったんだ」など、本当の自分に気づくきっかけになり、自分に対する理解度が深まっていくのです。

発信による変化②▼やりたいことが自然とわかる

私の知り合いに保育士でシッターをやっている人がいます。

あるときYouTubeチャンネルを開設して、そこで子育てに関する情報を発信するようになりました。

さまざまなテーマを取り上げていくうちに、自分が「色」に興味を持っていたことを思い出したそうです。

そこで「色」と子どもの育ち方について発信したところ、さらにやりたいことがわかってきたといいます。

もし、保育士あるいはシッターとして子どもと接しているだけだったら、そのようなアイデアが浮かぶことはなかったかもしれません。

つまり発信は、本当に自分がやりたいことを思い出したり、独自性を見つけたりするきっかけにもなるのです。

発信による変化③▼ふだん出会えない人とつながる

地方局のアナウンサーの方がいました。

その方は話し方に関する教室を運営していたのですが、あるときインターネットで生徒さんを募集するようになったのです。

するとそれまでとは異なり、全国から生徒さんが集まるようになりました。

あるいは、こんなお話もあります。

メガバンクに勤めていた女性の方なのですが、noteで私に興味を持ち、自分の体験とビジネスを融合させたいと感じるようになったそうです。

それをきっかけに、私のセミナーやコンサルティングに申し込んでくださいました。

もし私がnoteで発信をしていなかったら、メガバンクに勤めていたその方との接点はほとんどなかったでしょう。

つまり、発信をすることで、ふだん出会えない人と簡単につながれるようになるのです。

それだけでなく、ビジネスチャンスに恵まれたり、結果的にお金を得たりすることもあります。

発信による変化④▼人から好かれるようになる

自分の思いや考え、興味、関心のあることを発信していくと、共感する人たちが集まってきます。それを別の言葉でたとえると、**日常で感じたことをネットでシェアしていたら、ついでに好かれてしまったともいえるでしょう。**

70代の老夫婦が施設に入居したのをきっかけに、何気ない日常を発信し始めました。趣味の編み物や出た食事、スタッフや入居者同士のやり取り、ときどき若者を励ますようなメッセージを一日に2、3回アップしていただけでした。

その投稿に好意を持ったり、共感した人が集まり始めて、毎日あいさつやコメントのやり取りなど、温かい交流が生まれています。

このように人から好かれる現象が起きるのも、発信することで起きる素晴らしい変化の一つです。

発信による変化⑤▼お金や人脈、チャンスに恵まれる

発信をすると、自然と人が集まってくることは先に触れたとおりです。

人が集まるところには、お金や出会い、チャンスも集まってきます。

ここで大切なのは、それらのことを目的として発信をするわけではないことです。

私のクライアントの一人は、自分が感じていることや考えていること、興味・関心のある引き寄せの法則などをブログに書くような感覚で電子書籍を出版していました。すると、毎月5万〜10万円の印税がコンスタントに入ってくるようになったそうです。

好きなことを発信している「ついでに」お金が入ってきたという感覚に近いと思います。

そのための条件は、ただ発信を続けるだけ。

フォロワーが1、000人必要だとか、500万インプレッション（つながりのある人のところに自分の投稿が表示された回数）必要だとか、そこまで厳しい条件はありません。

これは次のところにつながる話ですが、発信を続けて信用が積み重なっていけば、自然とあらゆる豊かさに恵まれるようになるのです。

発信による変化⑥▼信用貯金がみるみる増える

これは私のクライアントさんから聞いた話なのですが、その方はWebメディアのライター兼編集長をやっています。

あるときnoteにエッセイを書き始めました。

「エッセイを書いたくらいで、仕事の依頼がくるはずはない」と思っていたそうですが、数ヵ月経ったときに、2、3件ほど仕事が入ってきたといいます。

驚いてその理由をお客さんに聞いてみたところ、「エッセイから人となりが見えたから」とのこと。

つまりエッセイを書いたのが信用を得ることにつながり、仕事の依頼に至ったわけです。

そういった意味では、**発信を続けていくと信用貯金が増えていく**ともいえるでしょう。

発信による変化⑦▼感謝や喜びであふれる毎日を過ごせる

発信をすると、発信した内容を中心とした人生に変わっていきます。

たとえば、「好き」を発信したら「好き」が中心の人生になりますし、「なりたい自分」を発信したら「なりたい自分」が中心の人生になっていくのです。

なぜ、このような現象が起こるのかというと「類は友を呼ぶ」という言葉のとおり、**それに合ったヒト、モノ、カネが集まってくるからです。**

どんどん発信をすればするほどそれは拡大していきますし、感謝や喜びであふれる毎日を過ごせるようになります。

また、人に夢や希望を与えて感謝される機会も増えるので、幸せで豊かで愛のある循環が生まれることにもつながるのです。

発信すると「本来の自分」を取り戻せる

私が発信する勇気を持つのをおすすめする理由は、おわかりいただけたでしょうか。

もう一つ知っておいてほしい、本質的な理由があります。

それは、「発信すると、あなたという存在の輪郭《りんかく》をはっきりさせてくれるから」です。

もっと言うと、社会の規範《きはん》に合わせて隠れてしまったあなたの本当の気持ちや心の声や、本来のあなたを取り戻せるからです。

2014年頃、「ありのまま」という言葉が流行《はや》りました。

自分の本音や自分らしさに世の中が注目するようになったのは、あの辺りからではないでしょうか。

それまでの世の中の風潮《ふうちょう》としては、自分の本音や自分らしさは後回しにして、周りに合わせたり協調性を重視したりすることが当たり前といったところがありました。

しかし、いまは違います。

「多様性」という言葉が頻繁《ひんぱん》に使われるようになったことからもわかるとおり、一人ひとりの存在にスポットが当たる時代に変ってきているのです。

そこで求められるようになったのは、「あなたは、どう考えているのですか?」「あなたは、どう感じているのですか?」といった本音だといえます。

ただ、いままで世間や常識など他人軸《じく》に合わせて生きてきた人にとっては、いきなり自分の言いたいことを求められても、答えられません。

なぜなら、自分の思考や感情を押し殺したり、押さえ込んできたりして、わからなくなっているからです。

意見や意向がないのではありません。隠れてしまっているだけ。

そこでキーになってくるのが、発信なのです。

発信をすると、自然と自分の思考や感情に意識を向けることになります。

そうしないと、表現することができないからです。

最初はうまくできないかもしれませんが、それでもやめずに感じたことや考えたことを表現していくと、やがて自分の本当の思考や感情に辿りつきます。

つまり「感情・思考」と「本当の自分」が一致して、自分の輪郭が明確になるのです。

個性やキャラクター、魅力、パワーを取り戻し、その人らしい存在感を放つようになるともいえるでしょう。

存在感がはっきりしてくると、そこに惹かれた人たちが集まってきて、あなた発で幸せや豊かさの循環が生まれるようになります。

そんな世界が広がっていくのは、とても素敵なことではないでしょうか？

自分の学びを発信したら、フォロワーが増えて仕事になった

発信する勇気を持ったことで、人生の可能性が無限に広がった事例をいくつも見てきました。

私の友人で心理学を勉強している人がいます。

友人は、あるときアウトプットの場としてYouTubeチャンネルを開設しました。

心理学の専門家ではないのですが、自分の勉強のために発信を始めたのです。

なぜ、発信することを選択したのかと言うと、エビングハウスの忘却曲線《ぼうきゃくきょくせん》を知っていたからです。

これは時間の経過に伴《ともな》う記憶の変化について調べたもので、学んだことを定着させるには、人に教えるのがいちばんよいといわれています。

それで友人はコツコツとYouTubeで心理学について発信をしていたのですが、登録者数もどんどん増えて、それをきっかけに講師としてデビューすることになったのです。

そのあいだにかかった期間は、おおよそ1年くらいでした。

自分のために始めたことが、いつの間にか人のためになり、仕事になっていったのです。

あなたの「日常のひとコマ」が、誰かの喜びになる

他にも、こんな話があります。

あるとき、私は自分の子どもを連れてある場所に出掛けました。

プラレール系のYouTuberの方が、面白いことをやっていると知ったからです。

プラレールとは、タカラトミーが販売している鉄道のオモチャのこと。

そのYouTuberの方はプラレール好きが高じて、いろんなテーマで動画を撮影しながら、それをYouTubeにアップしていったのが始まりだったといいます。

そのうち、子どもたちが作ったものを動画に撮らせてもらおうと閃《ひらめ》き、そのためにビルのワンフロアを借りて一部の人向けに開放。

私はそこに遊びに行ったのでした。

驚いたのは、大量のプラレールと子どもたちの創造性です。

ボックスがたくさんあって、なかにはプラレールがぎっしり詰まっていました。

その横に備え付けられたモニターには、思いのままにプラレールで遊び、楽しそうに YouTuber のインタビューに答える子どもたち。

発信を始めたばかりの頃、本人はここまで大きな活動になるとは思ってもみなかったのではないでしょうか。

けれども、**どんどん発信を続けていくうちに、たくさんの人たちの喜びや楽しさ、幸せにつながっていったといえます。**

結果だけを見ると特別な話に見えてしまったかもしれませんが、そんなことはありません。

発信を始めた理由は特別なことではありませんし、本人にとっては「日常のひとコマ」を切り取って発信しただけという感覚に近いと思います。

あなたも「日常のひとコマ」を切り取って発信するだけで、見たことのない新しい世界を体験できるとしたら勇気が湧いてきませんか？

第3章

「いまのあなた」にこそ、発信する価値がある

本当の姿を発信した方が、お互いの利益になる

前章では、「発信する勇気」を持った人生が、どれだけ変化に富んだ豊かなものかを見ていきました。

もしかしたら、大それたことに思えたかもしれません。

やっぱり自分には関係ないと感じたり、急に力が入って何を発信すべきか悩んだりするかもしれません。

しかし、そんなに心配する必要はありません。

SNSで発信するたびに、人の目を気にしたり、格好《かっこう》をつけたりしなくて大丈夫です。

これまでは、できるだけよい面だけを相手に見せるために努力するのが一般的でした。

すごい自分、デキる自分を演出したり、背伸びをした発信をしていると、フォロワーを

増やしたり、ビジネスを成功させることはできるかもしれません。

ただ短期的にはうまくいくかもしれませんが、どこかのタイミングで偽《いつわ》りの自分がバレたり、自分のメンタルを壊してしまう可能性があります。

本当の自分の思いや気持ちを騙し続けることはできないからです。

また、相手にとっても本当の姿を見せてもらった方が、むしろ信頼できると感じてもらえるかもしれません。

いまのあなた、ありのままの自分を発信する方が、お互いにとって利益になるのです。


発信することは、本来の自分を外の世界に向けて表現すること。

そして、人生が変わっていくきっかけを誰かに提供し、分かち合うことだと私は考えています。

だから、「そんなもの、自分にはない！」なんて思わないでください。

その貴重な情報を、やっているのが楽しくて心が満たされた状態で、必要とする人たちと分かち合っていくこと。

それが、本書で取り上げる発信です。

私の場合は、主にnoteという媒体に記事を書いたり、講座やセミナーを開催したりしています。これは私の事例ですので、その通りにやるべきというものではありません。

人によって、ブログやYouTube、Instagram、Twitter、TikTokなど、使用する媒体や発信のやり方、内容はさまざまです。

どれがいいとか、正解だとか、すごいというものではありません。

あなたに合った発信が必ずあります。

このあたりのことは、難しくとらえないでください。

私たちは子どもの頃から発信の才能がある

もし、あなたが、まだ発信したことがなかったり、発信が苦手だったり、いままで必要性を感じてこなかったりしたのであれば、戸惑うのも当然です。

でも、これまでお話ししたように、近い将来、発信する必要に迫《せま》られるときがやってきます。あなたが自分を表現して人と分かち合うことが、当たり前になる日が目前に迫っているのです。

さて、ここで朗報があります。

悩む必要などなく、私たちには一人残らず全員、発信の才能があるのです。

頭のなかにハテナマークがたくさん浮かんだかもしれませんが、話を続けますね。

私はふだん、子どもが通う保育園や公園などに行くのですが、そこでよく聞く言葉があります。

それは、「ママ見て！」「パパ見て！」です。

あなたもこの言葉に覚えがあるのかもしれません。

楽しそうな表情で、そう言っている子どもたちを見ていると

「人間は本能的に、表現したかったり、見てもらいたかったりするものなんだな」

と感じることがあります。

つまり**「自分が感じたことや体験したことを分かち合うために見てほしい」という欲求が、人間には元々備《そな》わっているのです。**

これは、自分が何か欠けていて、それを満たしたいから「こっちを見て！」と言うのとはまったく違います。

子どもの頃にやっていたことを、大人になったいま、思い出してやるだけです。

そんなふうに考えると、発信のハードルがグンと下がったのではないでしょうか？

自己不信と自己否定が行動を止める

ところで、私たちは子どもの頃、発信することができたのに、大人になるとできなくなる人がいるのはなぜなのでしょうか。

これにはいろんな理由がありますが、大きく分けると2つあると思います。

1つは、自己不信。
もう1つは、自己否定です。

まずは自己不信から説明します。

文字通り自分を信じることができないため、発信が止まってしまうことです。

たとえば、「これを書いて何になるの？」と疑い始めたり、「発信することに意味はあるのだろうか」と悩み始めたりすると、人は発信できなくなります。

続いて、自己否定について。

私は、現代の人たちは、結果にとらわれ過ぎていると感じることがあります。ちょっと行動して結果が出ないと、「自分はダメなんじゃないか？」などと自責《じせき》の念にかられたり、悩んで行動をやめてしまったりする人が少なくないからです。

この2つをもう少し分解すると、次のようになります。

他人の目：「この文章は、どう思われるかな？」
結果に対する期待：「たくさんの人に読まれるかな、売れるかな？」
誰かとの比較：「憧れのあの人のように書かないと」
いい、悪いのジャッジメント：「こんな文章じゃダメだ」

これらを1つずつ、自分の中から放り出していきましょう。

解決しようとして、あれこれやらなくて構いません。

楽しく発信するために大切なのは、「何かを足していく」よりは、「何かをマイナスして

いく」という作業のほうだからです。

何かをマイナスしていくとは、やめることを決めることとも言えます。

一度にいくつものことをやめるのは、勇気がいるかもしれません。

そんなときは、いちばん負荷《ふか》の大きなこと、イヤだと感じていること、やめるのが怖いことをやめてみてください。

たったそれだけで驚くほど心が軽くなり、楽しみながら発信できるようになるはずです。

そもそも、すらすらと心地よく発信できないのは、あなたのせいではありません。

これまで生きてくる過程で抱え込んだ、余分なものが邪魔《じゃま》しているだけなのです。

ですから、余分なものを減らしていくほどに、どんどん頭も心もスッキリして、自分を表現する楽しさがよみがえってきます。そうすれば、しめたものです。

「今日はどんな文章に、言葉に出会えるんだろう?」とワクワクしながらキーボードやカメラに向かえるようになります。

それでもまた、恐れや不安が出てもいいのです。

手放すものがあるよ、と教えてくれているだけなのですから。

ネガティブな感情が出てきたら、否定せず受け止める

それでも「発信する勇気が出ない……」と悩む人はいます。

おそらく、そういう方は繊細で優しい人なのかもしれません。

人の目が気になったり、相手に不快な思いをさせたりしないかと、自己不信や自己否定の材料を集めてしまうのです。

しかし、私は、それでもいいと思っています。

あなたがどんなふうに思ったとしても、あなたの価値は変わりませんし、そんなあなたが表現することは、あなたらしい発信につながるからです。


それでも、いざ発信を始めると、多くのネガティブな感情が出てきます。

しかしそれは、あなたを攻撃するために出てきたわけではありません。

「いまの発信では、やり方や内容が違っているかもしれませんよ」と、本来の自分が教えてくれているだけなのです。

決して、あなたがダメだとか、価値がないと言っているわけではありません。

むしろ、あなたしか持っていない意見や価値を教えようとしている心強いガイドの声なのです。

その声は最初、とても小さくてキャッチできないかもしれません。

けれども、しっかりと耳を傾《かたむ》けて、大切にしてあげてください。

自己不信や自己否定をして、本音を表現することを止めてはいけません。

だって、自分の本音を信じられなかったり、否定してしまったりするなら、自分として生まれてきた意味がないじゃないですか。

本音を表現したとき、人がどんなふうに思ったとしてもいい。

自分が自分に対してすら、どう思ったとしてもいいのです。

発信し始めて出てくるネガティブな感情は、すべて「人生のギフト」「素晴らしいガイド」

こう思えばどんな感情も自分にとって大切なものに思えてきませんか。

AIに置き替えられない「自分ならでは」のノイズが発信の本質

あなたは、AI（ChatGPT）を使ったことはありますか？
論理的で分かりやすい文章をものの数秒で作ってくれます。
しかも、そのクオリティは日々進化していて、毎回驚かされます。
これから、ますますAIが私たちの生活の中に溶け込んでくるのは確かです。
AIの特徴は、人間よりも精密で、正確。
質問や指示に的確に答えてくれます。
そんなAIに対して、技術や能力で人間が勝つことは難しいです。
では、AIにはできなくて、人間にできることはなんなのか？
それは、**「その人ならではのノイズ（＝自己表現）」を発信していくことです。**
どうして自己表現のことをノイズに例えたのかというと、人間は不完全なところも含めて完璧な存在だと考えているからです。

日本の法律のなかに「愚行権《ぐこうけん》」という権利が存在します。

これは、たとえ他人が愚《おろ》かだと感じる行いでも、第三者に危害を加えるのではないのなら、邪魔されることなく自由に生活できる権利のことです。

これを「発信」に置き換えてみてください。

誰かに迷惑をかけたり、傷つけたりするのでないなら、邪魔されることなく自由に表現する権利がある、といえませんか。

価値が「ある」とか「ない」とか、「できる」「できない」……など、世の中にはいろんな比較対象や判断基準があります。

それらをすべてひっくるめて、私たちは生まれた瞬間に100％価値がある。

そのことを、ぜひ思い出してほしいのです。

いまの自分のまま、価値のあるあなたが、自分を表現する。

それでいいいし、それがいいのです。

何度も言いますが、価値のない発信なんてないのです。

ＡＩが浸透していく今後は、間違っているくらいの方が、価値があるかもしれません。

正しくてきれいな発信は感謝してＡＩに任せて、自分ならではのノイズをどんどん発信してください。

文章力を磨いたり、新しいスキルを獲得したりするよりも、発信する勇気を持ったらいいのです。

そうすれば、世界のどこかに、必ずそれを受け取ってくれる人がいます。

あなたに共感して、好きになってくれる人が現れるのです。

騙されたと思って、まだ見ぬ受け手の存在を信じてみてください。

内容が決まっていなくても大丈夫！

さぁ、ここまで読んでくださったあなたなら、もう理解していただけたと思います。

発信する内容が決まっていなくても、勇気を出して一歩進んでみましょう。

いまはまだ、どんなことを誰に伝えたいのか、わからなくても構いません。

自分が感じていることや考えていることを、まずは言葉にして、発信してみてください。

たしかに、テーマや誰に向けた内容にするかなどが決まっていたほうが、発信しやすい側面はあります。

でもだからといって、それらが決まるまで待っていたら、いつまで経っても発信することはできません。

私から伝えたいことは、もっと自分に優しくしてください、ということです。

何一つ決まっていなくても、いいじゃないですか。

どんなことを発信するのかなんて、二の次、三の次でいいのです。

大切なのは、この本を読んでいる時点で、発信する勇気を手にし始めているという事実。

本来の自分の声に耳を傾けて、少しでも行動を起こせたことがとても素晴らしいと私は思います。

ちなみに、私が発信を始めたときは、「これを絶対に伝えたい！」という内容は決まっていませんでした。

逆説的ですが、発信を続けていくうちに、伝えたいことがわかってきます。

だから安心してくださいね。

勇気さえ持てば、自然とやりたいことがわかる

あなたが発信していくと、自分の考え方や興味関心、心地よい、心地よくないといった内なる指針が見えてきます。

ごく自然と、心の声に耳を傾けることになり、思考が整理されるからです。

内なる指針こそ、本来の自分です。

ここはとても大切なところなので、もう少しくわしくお話しします。

私の妻を例に、発信することで本来の自分が何をやりたかったのか、何を人に伝えたかったのかを見つけたお話をさせてください。

妻は、元々、自然食品に興味を持っており、料理に関する情報を発信しています。

今後は、手間をかけずに健康な料理ができるような商品や、重ね煮などを配食するサー

ビスを始めたいと話しています。

そんな彼女の発信内容に変化が表れたのは、ごく最近のことでした。

発信する以前であれば、思っている願望を口に出さず、心の内側にそっと留《とど》めておくタイプでした。

ですが、発信する勇気を得てからは、やりたいことがどんどん湧《わ》いてきて、叶ったらいいなと思うことを、言葉にして人に伝えるようになったのです。

発信することで、本当に伝えたいことを教えてくれる

あるとき妻が、「人には得意、苦手、好き、嫌いというものがあり、その人にとって料理が大切ではないのなら、料理をしてはいけない」といった強いメッセージを発信したことがありました。

以前の妻は、このように自分の意見をはっきり発信することに抵抗がありました。

しかし、発信を継続するなかで、「人には、その人ならではのライフワークがある。そ

れを優先的にやることが大切」という内なる指針が見えてきたのです。

本当は、ずっと昔から、妻の心の奥底にそれはあったのですが、隠れてしまって本人にもわからなくなっていました。

それが、発信を続けることで、「そうだった、これが言いたかったんだ！」と本来の自分の意見が明確になり、思いが溢れ出てきたのです。

発信することで、こうした喜びの変化が、あなたにも起こります。

だから、現時点で「何を発信すればいいのかわからない」「人にわざわざ伝えたいことなんてないし……」と控えめな気持ちを抱いていても、まったく問題ありません。

大丈夫です。何も心配ありません。

発信を続ければ、本来のあなたが動き出し、何を伝えたいのか、自然とわかってきます。

ほんの少しの勇気を持って、私と一緒に、一歩踏み出してみましょう。

人生には、そのときにしか発信できないものがある

人生には、そのときにしか発信できないものがあります。
私の場合には、いまの自分にしか書けない文章です。
私が書かなければ、世界中の誰も書くことができない文章。
そしてそれは、未来の自分にも書くことができない文章です。
もっと書くのが上手になってからでは、書けない文章。
今日という日は、今日しかありません。当たり前の話です。
だから、そんな今日にしか、表現できないことを発信しましょう。

それは、人生の軌跡になります。

自分が歩む足跡《あしあと》を残すのに、上手いとか下手は関係ありません。

これは、自分のサービスや商品を売るのをやめて、アルバイトをしていた頃の話です。

私は自分の娘に「ぶどうがたべたい！」と言われました。

叶えてあげたいじゃないですか、娘の願いを。

しかし、値札を見てびっくり。

「ブ、ブドウ、高い！」

悲しいけれど、娘に買って帰ることができそうにない。

そんなとき、数日前に家族でホテルに泊まったときのことを思い出しました。

「パパあれにのりたい、のろうよ！」

5歳前後でしょうか、小さな女の子がお父さんに声をかけていました。そして、お父さんと従業員の人が自転車のレンタル料金を会話している声が聞こえました。

すると、「それならいいです」とお父さんが娘のところに戻っていったのです。

娘の元に戻ったお父さんは、言い訳を始めました。

あれは危ないとか、事情があって借りられなかったとか、ようするに娘に本当のことを言わなかったのです。

そういった親子のやりとりを見ていたので、私は自分がブドウを買えないことに、葛藤《かっとう》しました。

娘になんて言い訳をするのか。それとも正直に言うのか。

心の動きを、私はすぐにnoteで表現しました。

最終的には、「いまはお金がなくて買ってあげられないんだ、ごめんね。パパお仕事頑張って、今度は買ってあげられるようにするね」と話しました。

あの言葉にモヤッとしたとか、勇気を出して気持ちを伝えたとか、包み隠さずすべてを残したのです。

私のnoteには、過去の自分がいまも息づいています。

父を事故で亡くした日、娘が生まれた日、悩みと迷いのうちにリリースされた文章、出版が決まった瞬間に山梨のスーパーで家族みんなでハイタッチした夜のこと、など。

感じたこと、思ったこと、起きた出来事などが、真空パック、いや瞬間冷凍みたいな感じで残っているのです。

世界中で、歴史上で、たった1人の人間の記録が残っていきます。

そのときのことは、そのときのあなたしか書けません。

いまの自分にしか発信できないことを、発信しよう。

第4章

さぁ、あなたも発信してみよう！

早速、コンテンツの準備を始める

さあ、ここからはいよいよ発信するコンテンツの準備を始めましょう。

どのような媒体に何を発信すればいいのか、基本についてお伝えしていきたいと思います。

発信は大きく分けると「文章を書く」「音声を録音する」「動画を撮影する」の3種類があります。

この中でいちばん取り組みやすいのは、文章を書くことではないでしょうか。

なぜなら、誰もが文章を書いたことはあるからです。

そこでこの章では「発信＝文章を書く」という表現に統一して説明していきます。

ただし、YouTubeやTikTok、Podcastなどの音声メディアでの発信にも当てはまるように書きますので、安心して読み進めてください。

誰にも見せない日記よりネット上で発信をする

「ネット上で公開することに抵抗があるんです。誰にも見せないノートに日記をつけるのではダメでしょうか？」

こんな質問をいただくことがよくあります。

もしかすると、あなたも気になっていたかもしれませんね。

私の答えは、とてもシンプルです。

ネット上に公開してみましょう。

ブログやnote、Facebook、Instagram、Twitter（現X）などで構いません。

あなたが使いやすい媒体に書いて、発信するのです。

誰にも見せずノートに日記をつけるのが、ダメだとは思っていません。

でも、ここで想像してみていただきたいことがあります。

その方法で、毎日、継続して書くことはできそうでしょうか？

誰も見ていないし、今日は疲れているから明日やろうという気持ちになりませんか？

その明日が明後日になり、明々後日になり……。

とうとう書くのをやめてしまった、なんてことになりかねません。


私は不特定多数の人が見られるnoteというプラットフォームにエッセイを書いて発信しています。

実は、noteでの発信を始める前、誰にも見せず日記を書いていた時期がありました。

しかし、長続きしませんでした。

だから、あえて不特定多数の人が閲覧できるnoteで発信をしたところ、程よい緊張感が生まれて、書き続けることができたのです。

絶対にネット上に公開しましょうとは言いません。

どうしても人の目が気になって書けなくなったり、公開できない事情があったりするなら、誰にも見せない日記でもいいでしょう。

すべてをさらけ出して発信する必要はないからです。

表に出したくないことは、出さなくて大丈夫。

それこそ、日記に書き残すか、心のなかにしまっておけばいいのです。

でも、とくに事情がないのであれば、やっぱりネット上に公開することをおすすめします。

継続しやすくなるだけでなく、オープンに発信することで、誰かの心を明るくしたり、勇気を与えたりして、ファンが増えていくこともあるからです。

3つのメリットは、発信したからこそ得られる

ネット上で発信することで得られるメリットは3つあります。

1つ目は、さきほどお伝えしたとおり、①「**継続しやすくなる**」でしたね。

残り2つの理由についてお話ししていきたいと思います。

2つ目は、表現力や観察力が磨かれて、②「発信の質がアップする」ことです。
3つ目は、③**「自分の成長ストーリーが蓄積（アーカイブ化）されて、大きな資産になる」**ことです。

まず2つ目の理由は、誰かに見られるかもしれないと思うことで、発信への真剣さが増します。

これはあなたも経験があるのではないでしょうか？

自分さえ理解できればいいという気持ちで書くのと、誰かが読むかもしれないという気持ちで書くのとでは、後者のほうが言葉や表現を選ぶようになります。

わかりやすさや伝わりやすさが、自分だけが読むのと第三者へ届けようとすることでは、まったく違ってくるからです。

いい意味で人の目を気にしながら書くと、緊張感が生まれて発信するコンテンツを磨く練習になります。

これからの時代は、上手に言語化して伝えられる人が、仕事もプライベートもうまくいきます。

そういう意味でも、私はオープンな場所で発信することを、おすすめしています。

次に、③「**自分の成長ストーリーが蓄積（アーカイブ化）されて、大きな資産になる**」という3つ目の理由です。

大きな資産とは、たとえば読者やファンがついてくれたり、起業するきっかけになったり、発信しているコンテンツが商品になってお金を生み出してくれることなどを指します。

そう言われても、いまはあまりピンとこないかもしれません。

でも、頭の片隅でもいいので、覚えておいてほしいと思います。

3年後、5年後に、あなたが書き続けてきた文章が価値を持ち、思わぬカタチで日の目を浴びるかもしれない、ということを。

実際に、私は自分のために書きながら、1万9千人（2023年11月時点）を超えるフォロワーがつきました。

それだけでなく、noteに書き始めてから3年の時を経て、kindle本を出版することになったのです。発売1ヵ月で、およそ5千人の人にダウンロードされました。

いまもなお、たくさんの読者や印税という豊かさを生み出し続けてくれています。

当時の自分に教えてあげたいです。信じてもらえないかもしれませんが……。

こうした変化は、誰にも見せない日記を、3年、5年と続けても起きなかったでしょう。

私と同じようなことが、あなたの身にも起こるかもしれないのです。

いや、それ以上かもしれません。

ネット上で発信すると、書いた本人も、予想しない価値を生み出すことがあります。

騙《だま》されたと思って、ネット上で発信してみませんか？

あなたにぴったり合うメディアが必ず準備されている

人それぞれ、得意とするメディアは違います。

Aさんは X（旧Twitter）でおもしろいことをつぶやくのが上手い。だけど、長文のブログはなかなか数が書けない。（Xが得意）

Bさんは文章はからっきしだけれど、写真の撮り方が抜群《ばつぐん》に綺麗。（インスタが得意）

Cさんは写真なんか撮らないけれど、喋らせたら天下一品におもしろい。（YouTube、ラジオが得意）

いろんな人を観察していると、アメブロでブレークする人もいれば、noteだとパチパチと心地よく文章を書き続けられる人もいて、ブログプラットフォームにもその人によって相性があるようです。

また、メディアで扱うテーマにも得意・不得意があります。

たとえば、あるネコ写真家さんが本気でインスタに取り組み始めた頃、被写体の多くは食べ物でした。

しかしあるとき、ネコの写真をインスタにアップし始めたところ、反応がよくなったそうです。

そこから、メディアはInstagram、テーマはネコに絞って発信に力を入れていくと、みるみるファンが増えて、数ヵ月の間に大手出版社からオファーが舞い込みました。

話を聞いたときはそんなことあるんだと半信半疑でしたが、そこから複数の写真集をコンスタントに出し続けています。

ファンやフォロワーが多い人は、自分の「得意なこと」や「苦もなくやれること」、「自分を活かせる場所」を知っています。

しかし、最初から〝わかっていた〟というより、思いつきで行動してみたり試行錯誤した末に〝見出した〟というほうが正確です。

私がプロデュースや編集を担当してきたクリエイターさんには、たくさんのメディアで、いろんなテーマで発信をしてもらうようにしてきました。

テスト、テスト、またテストです。

実際に私も、Yahoo!ブログ、ライブドアブログ、アメーバブログ、はてなブログを経てnoteにたどり着きました。

その間も、Facebookに集中したり、YouTubeに手を出してみたりとずいぶんと彷徨《さまよ》い続けてきました。

成功の8割は偶然で決まるという研究データもあります。

あなたも食わず嫌いをせずに、音声や動画を収録してみたり、いままで扱っていなかったテーマにも挑戦してみてください。

階段だと思って踏み出してみたら、エスカレーターに乗ったかのようにスーッと運ばれていくようにあなたのメッセージが広がっていくかもしれません。

7つの切り口さえマスターすれば、悩まずに発信が続けられる

「何を発信したらよいのかわからない」

という相談をされることがよくあります。

これは、発信を躊躇《ちゅうちょ》している方の全員が悩むといっても過言ではありません。

ここで発信するのをやめてしまうのは、非常にもったいないです。

なぜなら、発信するネタがないのではなく、ネタの見つけ方がわからないだけだからです。

私たちは、すでに自分だけのコンテンツやメッセージを与えられています。

私はそれを「ギフテッドコンテンツ」と呼んでいます。

あなたの中には、あなたにしかない何かが必ずあるのです。

ですから、断言します。

ネタは見つけなくて大丈夫です。

私が、発信するネタに困らない「7つのテーマ」を準備しました。

あなたは、この7つのテーマに沿って、1つずつ書き進めていくだけでOKです。

順番通りに書いてもいいですし、その日の気分でテーマを選んで書いてもいいでしょう。

発信することが習慣化できれば、自然と勢いがつき、書きたいテーマを自分で見つけられ、自分らしい発信ができるようになります。

とにかく、難しく考える必要はありません。

ただ発信してみるだけです。さあ、1つずつ見ていきましょう。

発信が続くテーマ①▼実際にあった出来事を発信する

私たちは一日のなかで、思っているよりもたくさんの経験をしています。

ここでいう経験とは、実際にあった出来事ともいえます。

それをテーマに文章を書いてみましょう。

「名もなき人間の日常なんて、誰が読みたいの？」

そんな風に思うかもしれません。しかし、一日の出来事1つとっても、今日という日を**どう過ごしたかは、世界中探しても同じ経験をしている人はいません。**

つまり、あなたが生きた今日は、唯一無二の経験といってもいいでしょう。


些細なことでも構いませんので、頭のなかに浮かんだものを書き出してみてください。

人に言うほどの出来事ではないと思ったとしても、気にせずに書いていきましょう。

実際に書き出すときは、「5W1H」を活用するのがおすすめです。

When　いつ？
Where　どこで？
Who　だれが、だれと？
What　なにを？

Why　なぜ?
How　どのように?

「5W1H」の6項目すべてを埋めなくても大丈夫です。
たとえば、こんなふうに。

・娘といっしょに散歩に行った
・帰り道に夕日を見た
・A社でプレゼンテーションをした
・新しい商品のコンセプトを考えた
・母親と電話した

大体書き出したら、そのなかから特に印象的だったことを1つ選びましょう。
それを発信のテーマにして、感じたこと、思ったこと、気づいたことを書くだけです。

ＡＩには決して書けない、あなたらしさが表れます。
私たちの日常は、シンプルだけど心に残る瞬間で満ち溢れています。
日常の小さな物語の価値を信じ、世界に発信しましょう。
それらは世界に彩りと豊かさを増やします。

発信が続くテーマ②▼心のモヤモヤを正直に語る

私たちの心は、ポジティブな方向だけでなく、ネガティブな方向にも働きます。
たとえば、イヤなニュースを見たり、キラキラ輝いている人を見たり、人生が何も進んでいないように感じたりしたとき、心がモヤモヤすることはないでしょうか？

そのようなことも、テーマにしてしまいましょう。
もちろん、心の内側のすべてを書く必要はありません。
書ける範囲で書いてみるのです。

ポイントは、正直に書くこと。

実際に私は、友人の活躍をSNSで見たとき「うらやましいな」「悔しいな」と感じて心がモヤモヤしたら、そのことを正直に書いてきました。

あるいは、何か書きたいことはあるんだけれど、どうしても言葉にできないときも、そのモヤッとした気持ちをそのまま書くようにしたのです。

カッコ悪いなと感じることもありましたが、ネガティブな感情をなかったことにしたくないですし、嘘をつきたくなかったためオープンにしました。


とはいえ、注意したいことがあります。

実際に書くときに、必ず自分を主語にした、「I」メッセージで書くことです。

すると、ネガティブなことを書いても、読んでいて後味が悪くなりません。

たとえば、ある人のことを羨《うらや》ましく感じたとします。

「私は、羨ましかった」と素直に書いたあと、「もっとこうすればよかった」「これからは、こうしよう」といったように、改善点など未来に向けてポジティブなことを書くのです。

このように視点を転換して書くことで、読み手にとってもヒントになる文章を書くことができます。

直近で、あなたの心がモヤモヤしたことは何でしょうか？

ぜひ、それをテーマにして、感じたことや気づいたことを書いてみましょう。

発信が続くテーマ③▼感動したことについて発信する

「テーマ2」に続いて、3つ目のテーマは感動したことです。

内面の世界は、いくらでも書くことが湧き上がってくるコンテンツの源泉ですので、ぜひ掘り下げてください。

誰かが「今日ね、こんないいことがあったんだよ！」と興奮して話しているのを見て、強く印象に残ったり、嬉しい気持ちになったりして、心が動いた経験はありませんか？

大きな感動である必要はありません。
むしろ、小さな感動ほど、いいのです。

あなたが楽しかったこと、嬉しかったこと、テンションが上がったこと、心が満たされたことを思い出して、それを言葉にしていきましょう。

たとえば、お会計のときのお釣りが777円だった、上司から優しい言葉をかけられた、いいアイデアを思いついた、お店でとても素敵なマグカップを見つけて買った、本のなかで素晴らしい言葉に出会ったなど、何でもオーケーです。

もし、「感動なんて、いちいちしないよ！」という方がいたら、それは感動のハードルを上げ過ぎている可能性があります。
もしくは、感動センサーがサビついてしまっている危険性もあるので、その場合にはハードルを下げまくって、自分の心の声に耳を傾けるようにしてください。
そしてまずは、過去に起きた出来事を振り返って、そのなかから感動したことを探してみてください。

慣れてくれば、毎日ラクに発見できるようになります。

発信することで、あなたの感動センサーが研《と》ぎ澄まされて、喜びいっぱいの毎日になることでしょう。

発信が続くテーマ④▼思いついたアイデアやメッセージを伝える

ぼーっとしている時や、散歩中などに、ふとアイデアやメッセージを思いつくことはありませんか。

頭のなかを注意深く観察していると、けっこうな頻度で、それもなかなかいいことを思いついていたりします。

あなたの頭のなかで忘れ去られてしまっている、本に書かれていそうなメッセージや、格言、名言のようなものがあると思います。

これらをもとに、アイデアやメッセージを思いついた背景、理由を探りましょう。

ただし、人が見るからとすごいことを言おうとか、コピーライターが考えたような名コピーを目指して考える必要はありません。

たまたま耳にしたり、目にした言葉にピンと来たのであれば、それを書き留めてみてください。

手帳やメモ帳でもいいですし、スマホのアプリなどを使ってもいいと思います。

ポイントは、自分が続けやすい方法なら何でもオーケーなこと。

参考までに、どんなことを書けばいいのか例を挙げてみます。

・誰かと比較しないことが大事だ
・時間管理に力を入れよう
・お金は稼ぎ方より使い方が大切だ
・もっと直感に従《したが》って生きていこう
・最近は感謝が足りていないかもしれない

たとえば、「自分に優しくしてあげよう」という言葉を思いついたとします。

背景や理由としては、仕事や子育てに追われていて、ゆっくりとくつろぐ時間が取れていなかったことが挙げられるかもしれません。

あるいは、結果が出ない自分を責めたり、追い詰めたりしていたことかもしれないでしょう。

ここまでのことを書き出したら、それを文章化してみてください。

自分の思いや心情などを交えながら事例を書くと、文章に魂が宿ります。

読む人の心を打つのは、言うまでもありません。

また、この文章のいちばんのポイントは、他の誰でもない、あなた自身に向けられたメッセージになっていることです。

つまり、あなたがあなたを励《はげ》ましたり、焦りや不安が和らげたり、前向きな気持ちにしているということ。

結果的にそれは、あなたと似たようなシチュエーションにいる、誰かの心に響きます。

なので、アイデアやメッセージが浮かんだら、どんどん発信してください。

発信が続くテーマ⑤▼好きなこと、嫌いなことを表現する

プロ級の知識やスキルがあるとまでは言えなくても、好きなことやハマっていることはありませんか？

釣りやキャンプは典型例です。

仕事ではないけれど、これらのことが好きな人はたくさんいます。

もっと身近なところで言うと、食べ歩きが好きで、美味しいお店にたくさん通ってきたというのも含まれるでしょう。

他にも、スピリチュアルなことが好きで、たくさんの本を読んだり、セッションを受けたりしてきたというのもアリです。

多くの時間やお金をかけてきた分野が、あなたの好きなことです。

そこには、あなたの情熱や愛情がたくさん詰まっています。

好きな理由や、その面白さ、魅力について、思いっきり自由に書いてみてください。

逆に、嫌いなことも発信のテーマにすることができます。

たとえば、泳ぐことが嫌いだったとしましょう。

嫌いになった理由、エピソード、それを克服しようとしたときのことなど、書けることは意外にたくさんあるはずです。

無理をして書くことはありませんが、「これなら書けそうかな」というものがあれば、ぜひチャレンジしてみてください。

発信が続くテーマ⑥▼あなたの強みや専門分野を分かち合う

あなたのできることや専門分野についても書いてみましょう。

仕事としてやっていることや、趣味、得意なことはもちろん、できれば「ふだんいちばん時間を使っていること」を書くと、あなたらしさが表に出てきやすいかもしれません。

たとえば、働き方、ライティング、子育て、語学、趣味、料理、掃除、片付け、目標達成法、マネジメント、お金など、多種多様なものが挙がるはずです。

ざっくりでいいので一通り書き出したら、いわゆるノウハウ的なもの、あなたが持っている経験や知識、スキルを言葉にしていきます。

履歴書や職務経歴書のように、しっかり書かなくても構いません。

こんな感じかなといったように、思いついたものを出していきましょう。

さて、このあとはちょっとしたワークに入ります。

次にまとめましたので、ぜひ実際に書き出してみてください。

あなたのスキル棚卸しワーク

▶定義や方法、工夫を書く

「○○とは、××である」といった定義や方法、工夫をまとめるという書き方です。

たとえば、営業について書くとします。

「営業とは、断られてからが勝負だ」と考えている人もいますし、「営業は、聴くことだけに集中せよ」と考えている人もいるでしょう。

あなたは自分の専門分野について、どんなふうに考えているでしょうか。

具体的な方法は？

工夫していることは？

もしかしたら、1つではないかもしれません。

その場合は、何通りかに分けて書きましょう。

▶あなたがやっていること、大切だと思うことを書く

これは、ふだんあなたが無意識にやっていることを、言語化するという書き方です。

先ほどと同様、営業について書くとして事例を次に挙げます。

- 抱えている課題を特定する
- 話を聞いてみようと思った理由を確認する
- 終わったら振り返りを徹底する
- 鉄板のトークスクリプト（台本）を作る
- 必ずする3つの質問

これらの内容は、読み手にとってプラスになるだけでなく、自己理解を深めることにもつながります。

あなたにとって、「そんなのふつうだよ」「当たり前でしょ」「みんなやっているでしょ」ということは何でしょうか？

自分で判断するのが難しいときは、周りの力も借りながら書き出してみてください。

必ず、あなたならではの何かが見つかるはずです。

発信が続くテーマ⑦▼あなたのチャレンジを実況する

あなたがやってみようと思っていること、実際にチャレンジしていることも書いてみましょう。

たとえば私の場合、「書くこと」のプロセスをnoteに書き続けてきました。

「毎日書くぞ」と宣言して、

「書くのがつらいです」と弱音をこぼし、

「今度は小説にも挑戦します」と目標を語り、

「素晴らしい作家の方々と短編集を作ることになりました」と報告し、

「今度はKindleで出版するのですが、表紙デザインに意見をください」とお願いし、

「購読くださったら嬉しいです」とお誘いし……。


という具合に、数年にわたって自らのチャレンジを書き続けてきました。

こうして書き記してきたからこそ、何があっても続けてこられた気がしています。

共感してくれる人、応援してくれる人も出てきました。

あなたは、熱心に取り組んでいることはありますか？

これから、どんなことにチャレンジしたいと思いますか？


上手くいくことも、悩み迷うことも、失敗も、再び立ち上がることも、すべてが人生においての最高の物語です。

それを書き記していってください。

忘れかけていた夢や希望が取り戻されるはずです。

そして、それを読んだ誰かの人生を明るく照らし、背中を押すかもしれない。

そう思うと、あなたのチャレンジも素敵なことに思えてきませんか？

ネタ切れ防止の超裏ワザChatGPTだってアリ！

さて、7つのテーマをご紹介しましたが、それでもやっぱり「今日のネタがない！」という日があるかもしれません。

でも、安心してください。ネタの見つけ方は無限にあります。

「それは、末吉さんだからできるんでしょ？」という声が聞こえてきそうですが、そんなことはありません。

大切なのは、前提として「ネタ切れになることはない」という意識を持つこと。

そして、このあとご紹介するやり方もあるのだと、理解しておくことです。

ネタ探しのコツは、「視野を広げる」ことです。

ネタ切れで悩む人の多くは、視野が狭くなっているように思います。

つまり、自分の体験や人生のなかから、ネタを探そうとしているのです。

そうではなくて、自分以外にも視野を広げてみましょう。


極端な話、テレビやWeb記事、映画、YouTubeの動画、書籍、AIツールを含めると、相当な数のネタが見つかると思います。

何も加工せずに使うのはダメですが、感じたことや考えたこと、気づきなどを含めて表現すれば、あなたならではの発信になります。


もっと極端なことを言えば、ChatGPTを利用して書いたって、全然構わないのです。

試しに、「○○についてのエッセイのネタをいくつかください」などと、打ち込んでみてください。

ものの数秒で、いろんなアイデアを出してくれます。

1週間分、数ヵ月、もしかしたら数年分（！）のネタが一瞬で見つかってしまいます。

料理にたとえると、材料はＡＩが瞬時に用意してくれるといえるでしょう。

それをどんなふうに料理するかは、あなたが自由に決めればいいのです。

ＡＩを使ってネタを探しましょう、と言いたいわけではないことはわかっていただけますよね。

視野を広げたり、視座を変えたりするだけで、発信のネタはいくらでも見つかると気楽に捉《とら》えてほしいのです。

せっかくですので、もし活用したことがない方は、ChatGPTを開いて、何か質問を入力してみてください。

「あぁ、末吉が言いたかったのは、こういうことか！」とわかっていただけると思います。

フォロワーやアクセス数が増える表現のコツ

さて、書くネタは十分に手元に用意できました。

次は、表現です。

せっかく発信するのなら、フォロワーやアクセス数が増えたり、感想をもらう機会が増えたりすると嬉しいですよね。

「この文章を読んでよかった」「記事がためになった」など、読者の心に響く文章を書くコツをお伝えします。

それは、文章内でカタルシスを生み出せるようになることです。

カタルシスとは、感情の浄化のことです。

「問い」と「発見」という公式で成り立っています。

この方法を取り入れるだけで、読み手をグッと引きつけることができ、文章に厚みがでて、質も高まります。

ぜひ、あなたにも取り入れていただきたいので、さらに詳しく説明しますね。

先ほど、カタルシスは「問い」と「発見」という公式で成り立っているとお伝えしました。

問いとは、

・なぜ○○は××なのか?
・どうやったら、○○はうまくいくのか?

このようなことを指します。

いっぽう発見とは、

・だから（つまり）、○○なんだ!

といったように、問いから何かを発見したり、納得したりすることを指すのです。

この「問い」と「発見」の落差が大きいほど、生み出されるカタルシスのインパクトは大きくなります。

そして、読み手の心に響いたり、心が震えたりするのです。

例を挙げましょう。

２００５年に出版された『さおだけ屋はなぜ潰れないのか？』（山田真哉《やまだしんや》著、光文社新書）という書籍があります。

タイトルがズバリ、カタルシスの「問い」になっていますよね。

ちなみに、カタルシスの「発見」は、書籍のなかに書いてあるわけです。

タイトルを見て、「どうして、さおだけ屋は潰れないんだろう？」と感じた人は、実際に本を読んで「だから、さおだけ屋は潰れないんだ！」と思ったに違いありません。

なんとなくでも、私のお伝えしたいことがイメージできたでしょうか？

あなたが問いを探す際ですが、ご自身のテーマの近辺にあります。

1つだけではありません。

いくつも見つけることができるはずです。

その際、抽象度が高いと伝わりづらいため、具体化するのが大事だといえます。

たとえば、「なぜ、あの人は仕事がうまくいくのか?」と考えたとしましょう。

このままだと抽象度が高いため、「なぜ、あの人はタイムマネジメントがうまいのか?」とか「なぜ、仕事ができる人ほど定時で帰るのか?」など、具体性を持たせるのです。

ここまできたら、あとはそれに対する「発見」を考えて書いていくだけ。

最初から、うまくやろうとする必要はありません。

思いついたことをどんどん発信してみてください。

チャレンジしているうちに、あなたの表現のなかにカタルシスが生まれるようになり、相手の心を掴むことができます。

誰でも100点満点の表現ができる簡単な方法

発信するかどうか、このような発信でいいのか、悩んできたあなたにお聞きします。

おそらく、自分に厳しいところがあるのではないでしょうか？

あまりにも自分に厳し過ぎると、「こんなんじゃダメだ」「もっと役立つ情報を発信しないと」「結果が出ないのは努力が足りないからだ」など、自己否定の原因をつくりやすくなります。

そんな状態が続けば、いずれ発信を止めたくなってしまうでしょう。

せっかく始めた発信を続けるには、「自分に優しく」することが大切です。

では、どんなふうに自分に優しくしたらいいのか、お話ししていきたいと思います。

たとえば、自分の書いた文章が76点だと感じたとしましょう。

だったら、自分で加点するのです。
残りの24点分のいいところを、どこかから見つけてくるのです。

「この書き方は、うまくいった」
「この表現、前よりよくなったかも」
「読みやすい文章になってきたな」

という具合です。
あなたが書いた文章のいいところを、いつも3つは見つけてみてください。
これは不思議なもので、見つけようとしなければ見つかりません。
逆に言うと、見つけようとすれば、見つけることができます。
もっと言うならば、捏造《ねつぞう》するくらいの気持ちでいいのです。
失礼しました。
過激な言葉になってしまいましたが、冗談ではなく実際にそうなのです。

文章に絶対的な正解はありません。

不正解もないのです。

ある意味、なんでもありと言っても言い過ぎではないでしょう。

書いたあなたが、その文章のいいところを見つけて、100点にしてしまっていいということなのです。

このようなスタンスで書き始めると、あなたの文章はオーラを放つようになります。

読み手が、不思議と力強さや魅力を感じるようになるのです。

最初は半信半疑かもしれませんが、騙《だま》されたと思ってやってみてください。

自分の文章に自信を持つ、きっかけにもなります。

重い腰を上げて発信スイッチを入れる3つの儀式

「めんどくさい」「忙しくて時間がない」「一日くらい休もう」といったように、「今日は発信したくない！」という日が出てきます。

私も気持ちはよくわかります。「今日はもういいかな」という日はあるからです。

でも一度休みグセがついてしまうと、「今日もやらなくていいか」なんてことになりかねません。

それを避けるための効果的な方法は、執筆前に必ずやる儀式を決めること。

人間は習慣の生き物ですので、儀式化するのは効果があります。

慣れてくると、今日は休みたいと感じていても、やらないと気持ちが落ち着かなくなるものです。

自然と集中力スイッチが入るのも、発信前の儀式をつくるメリットの一つといえます。

というわけで、ここからは私がおすすめする3つの儀式をご紹介します。

【儀式①】頭のなかのゴミを捨てる

執筆前に、頭のなかにある不要なゴミを掃除しましょう。

そうしないと、すぐに気が散ってしまうからです。

いつの間にか、不安なことや心配事ばかり考えてしまい、一向に原稿が進まないという事態に陥ってしまいます。

おそらくあなたにも、そんな経験があるのではないでしょうか？

やることは簡単です。

1分だけ時間を取って、メモ用紙に不安なことや心配事などを書き出してしまいましょう。ただ、それだけ。

頭のなかから消してしまおうとしなくて大丈夫です。

消そう、消そうとすると、ケンカをふっかけるようなもので、相手もいっそうヒートアップしてしまいます。そうなると、余計に気を取られてしまいかねません。
「ああ、自分はいま、こういうことに不安を感じているんだな」「こんな心配事があるんだな」といったように理解してあげて、華麗にスルーしましょう。

【儀式②】プチ瞑想をする

頭のなかの掃除を済ませたら、次は心の掃除です。
私たちは思っている以上に、いろんなことにとらわれています。
それらを心のなかから、完全に消し去ることはできません。
とらわれているものがあるのを認め、そのうえで心を整えればいいのです。
「儀式②」も、やることは簡単でシンプル。
プチ瞑想《めいそう》です。
瞑想が苦手な人は、深呼吸するだけでも効果を感じるでしょう。
1、2、3、4、5、6、7と息を吸って、1、2、3、4、5、6、7と息を吐くだけです。これを何度か繰り返してください。

最初は数を数えるのがおすすめですが、慣れてきたら息を吐き切りましょう。

そうすることで、自然と思いっきり空気を吸うことができます。

自分の体や体調に合った心地よさを優先して、ゆっくり深呼吸するのです。

呼吸は創作にもリンクしています。

息を吸うことはインプット、吐くことはアウトプットです。

ですから、発信の前には呼吸を整えてください。

いいアイデアが入ってきて、スムーズに言葉が出てくるようになります。

【儀式③】アファメーションする

アファメーションとは、自分に対する宣言です。

意識的にモードを切り替えることでもあります。

そうすることで、集中力が高まり、筆も進むようになり、驚くほどアイデアの出がよくなるのです。

思い込みでも構いません。それが執筆の役に立って、いい文章を書くことにつながるのであれば、使えるものは何でも使いましょう。
ここで執筆がはかどるアファメーションをご紹介します。

①私は希望もなく、絶望もなく、毎日ちょっとずつ書きます。
②書く内容があるから書くのではない、書こうとするから内容が出てくるのです。
③執筆は夜中に運転するようなものだ。ヘッドライトの届くところしか見えないが、それでも目的地にたどり着くことができる。
④「自分が読みたいことを書けば、自分が楽しい」という原理に気がついた。
⑤試してみた？　失敗した？　構うことないよ。もう一度やって、もう一度失敗して。でも、今度は上手に失敗するんだよ。

キーボードを叩く手が、スマホで文字を打つ指が止まらなくなるはずです。
また、アイデアが溢れるように出てくるようにもなるでしょう。

ここで挙げたアファメーションだけでなく、あなたが「これは！」と思う言葉も探してみてください。

手が止まったときに試したい7つのこと

1、500日以上。

私が毎日文章を書いて、投稿してきた日数です。

これだけ書いていると、「書けない」を回避する、乗り越える、くぐり抜ける、さまざまなテクニックを使わざるを得ませんでした。

そこでこの項では、実際に私がやってみて効果のあった「手が止まったときに試していただきたい7つのこと」を、ご紹介していきたいと思います。

①【5分間で書く】

スマホのタイマーを5分にセットして、「ヨーイ、ドン！」で書きます。

実際にやってみるとわかりますが、意外に焦ります。

誤字脱字があったり、文章の構成がめちゃくちゃだったりしても、気にしないことが大事。

でも、それがいいのです。

ピピピと鳴ったら、そこで終了。書く手を止めます。

ゲーム感覚で取り組むことができますし、一気に集中力を高めることも可能です。

もちろん、SNSなどにアップする前に、誤字脱字などのチェックはしてくださいね。

ぜひ楽しみながらやってみてください。

②【時間制限を決める】

5分だと短過ぎる場合は、自分で制限時間を設けましょう。

本の原稿を書く場合などを除けば、長くてもせいぜい1時間以内をおすすめします。

ダラダラ書いていると、頭のなかがごちゃごちゃし始めて「もう、今日はやーめた」と投げ出してしまう可能性があるからです。

また、決めた時間内に書けたものを、問答無用で公開する、ということもやってみてください。

思うように書けなかったとしても、死にはしないことがわかると思います。

③【文字数を決めて、起承転結で書く】

起承転結それぞれ１４０文字、合計５６０文字以内で書いてみましょう。

これは、文章のメンターでもある櫻《さくら》井《い》秀勲《ひでのり》先生から教わったフォーマットです。

長過ぎず、短過ぎず、時間のない読み手にも、まだまだ文章力の未熟な書き手にとっても、実に程よいボリュームだと思います。

このくらいの長さであれば、先ほどの制限時間5分以内に書けるのではないでしょうか？

無理をする必要はありませんが、楽しめる範囲でチャレンジしてみてください。

④【場所を変えて書く】

書く手が止まったら、ときどき部屋のなかをウロウロしてみましょう。

それでもダメなときは、ちょっとのあいだ散歩に出たり、カフェに移動して執筆を再開したりしてみてください。

そういえば、私は電車のなかでもよく書いていました。

軽く体を動かしたり、場所を変えたりすることで、気分転換になります。

すると、止まった筆が進み始めることはよくあるのです。

ついでに、いいアイデアが降ってくることもあるので、意識的にやってみてください。

⑤【他人事にする】

あなたは、自分のことを書くのに抵抗はありますか？

悩んでいること、困っていることなど、ネガティブなことを書くときは、特にそうかもしれませんね。

そんなときは、「私たちは、こういうことで悩みがちですよね」と、他人を含んで書いてみてください。

このような書き方であれば、抵抗が和らぐと思います。

その結果、心理的ハードルが下がって、きっと書きやすくなるはずです。

他にも、「自分はできていないしなあ……」と感じて話すのを躊躇することがあるかもしれません。

そんなときは、自分のことをちょっと棚にあげてみてほしいのです。

その発信のおかげで、行動を起こしてみようと思えたり、悩みが解消するきっかけになったりします。

⑥【本やネットで勉強になったことを書く】

手が止まり、アイデアが湧かないと感じることは誰にでもあります。

もちろん、私にもありました。正直に言うと、いまでもあります。

この状況を打破する方法として私がやっているのは、「本やネットで勉強になったことを書く」ことです。

読んでいるうちに新たな視点や考え方を発見して、記事のネタになることがあります。

いっぽうネットの情報については、記事だけでなくYouTubeの動画や様々な分野の専門家たちがスピーチする「TED Talks（テッドトーク）」を観るのもよいでしょう。

たとえば、異なる分野の情報を組み合わせてみると、斬新《ざんしん》なアイデアが生まれて面白い記事になることがあります。

⑦【とことん困ってみる】

新しいアイデアの宝庫は、とことん困る瞬間にあります。

つまり、行き詰まったり頭を悩ませたりする状況こそが、閃《ひらめ》きの扉を開いてくれるのです。

ここで考えてみていただきたいことがあります。

アーティストやクリエイターと呼ばれる人たちは、理想とする作品がつくれない現実に直面することがあるものです。

そういったシーンを、あなたも一度くらいどこかで見かけたことはないでしょうか？

もしかすると、あなた自身が体験したことがあるかもしれませんね。

私がお伝えしたいのは、このことです。

輝くアイデアは、とことん困った先に眠っています。

つまり困ることは、むしろ歓迎すべきこと。

なので、安心してとことん困ってみてください。

そんなつらいときにこそ、「本当はこういうことを言いたかったんだ」とか「あれをやってみよう」というアイデアが降ってきます。

うまく表現できなくても落ち込むことはない

これから実際に発信していくわけですが、うまく表現しようとしないでください。

思うように書けなかったとしても、落ち込まないでください。

誰かから教わった経験があるなら話は別です。

逆に、教わった経験がないなら、できなくて当たり前。

少しずつ発信に慣れていけば、必ず上達していきます。

それに、人は自分と関係がないと思うことや、可能性のないことに対して落ち込むことはありません。

落ち込んでしまうのは、才能があるということです。

あなたには可能性があるということなのです。

書きたい理想の文章や、うまく書けるイメージが頭のなかにあるのに、そこに至っていないと感じるから落ち込みます。

上手に書こうと思えば思うほど、フットワークが鈍くなり、文章は勢いを失います。

そのような文章では、人を惹きつけることができません。

そもそも一部の天才を除いて、最初からすらすら優れたものが書けるわけがありません。

最初から、「うまく書かない」と決めてしまいましょう。

自分の身の丈に合わない、素晴らしい文章を書こうとすると、苦しくなっていくだけです。

いまのあなたに書けるものを書いていきましょう。

頭に浮かんだこと、感じたことを、好きに自由に表現すればいいのです。

第5章

発信にまつわる不要な思い込みや感情を手放す

自分らしい発信ができない「心のブレーキ」を外す

私たちは大なり小なり、周りに気に入られるように、相手に合わせながら自分を曲げて生きています。

誰かの期待に応えるため、いい人、デキる自分を演じてきた人もいるでしょう。

自分さえ我慢していれば丸く収まるからと、本心や本音を抑えてきたかもしれません。

子どもの頃も大人になってからも、ずっとそうやってきて、もう無意識になっている人もいると思います。

それは悪いことではありません。

むしろあなたが優しい人でもあるという証拠でもあります。

しかし、私たちは本来もっと素直にやりたいことをやって、言いたいことを言う、そんな存在なのではないでしょうか。誰しも赤ちゃんのときはそうなのですからね。

つまり私たちは、人の目を気にしない勇気、ありのままの自分を表現する勇気を持っていないわけではありません。

ここまで育ってくる過程で、ブレーキがかかってしまっているだけなのです。

両親からの教え、学校教育、上司や友人など、つき合う人たちから受けてきた影響によって、本来あなたのものではない、不要な思い込みや感情を持っています。

それが、ブレーキの正体です。

そのブレーキを外すのに効果的なのが、「感情の癒《い》やし」をすることです。

聞き慣れない方もいると思いますので、ていねいに説明していきますね。

感情の癒やしとは、周りの目が気になる、本当の自分を出す勇気が出ないという、ネガティブな感情をデトックスして、心のなかをクリアにすることです。

あまり知られていないことですが、実はこれがとても重要なのです。

ここをやらずに発信することはできますが、長続きしません。

逆に、感情を癒やしてから発信をすると、どんどん勢いがついて長続きします。

また、自信を持って、自分の考えや意見を語ることができるようになります。

他の人から認められるかどうかをむやみに気にすることもなくなるので、パワフルで自由な発信ができるようになるのです。


なぜ、感情の癒やしと発信が関係するのかというと、人の心には、色々な毒が溜まっているからです。

毒とは、自己不信や自己否定をする原因をつくっている出来事や感情のことを指します。

子どもの頃のことを思い出してみてください。

あなたの父親、母親もしくは先生から

「どうせできないでしょう」

「そんなこと、無理にきまっている」

「失敗するだけだから、やめておきなさい」

などと言われた経験は、ありませんか。

こうした言葉を浴び続けて大人になると、誰かに言われるわけでもなく、何かを始めようとする際に自己不信や自己否定するクセが無意識についてしまうのです。

それによって、いろんなことを諦めてきた体験は、あなたの心を蝕んで、本来の自分を表に出すことをやめる原因になっています。

だから、発信を通じて、しっかりとこうしたネガティブな声や感情をゼロにリセットすることで、心の傷を癒やしてほしいのです。

内面を癒やさずに発信を始めると、自分でも気がつかないうちに、発信する目的が「私を見て！」というエゴに満ちた発信になってしまいます。

発信する真の目的は、本来の自分を取り戻すこと。

そのためにもまずは、感情のゼロ・リセットから始めること。

これが、発信する勇気を強くし、発信しようと無理に奮《ふる》い立たせなくても自然に発信したくなるコツです。

思い込みや感情が減ると、誰の前でもリラックスできる

発信を続けるには、感情をゼロ・リセットすることが大事だとお伝えしました。

その結果、どんどん癒やしが進み、本来の自分に戻っていきます。

ここでいう「癒やし」とは、ネガティブな思い込みや感情を手放す作業をして、本来の自分に戻るという意味です。

このことについて、もう少しくわしくお話ししていきます。

本書で繰り返しお話ししていますが、人間は生まれたときから誰にでも価値があります。

つまり、存在自体がポジティブそのものなのです。

ところが、多くの人たちは「あれはよくない」、「これをしてはいけない」「〜すべき」などと刷り込まれて成長しています。

そして、心に傷を残し「自分には価値がない」と思い込んだまま大人になるわけです。

このような思い込みは、地球に生まれてきたばかりの頃はありませんでした。

つまり、借り物の考え方といえるでしょう。

私は、この借り物の考え方を手放すことが、発信だけでなく最高の人生を送るうえでも、とても大切だと考えています。

なぜなら元々、自分のものではないのですから。

それをゼロ・リセットするように手放していくと、玉ねぎの皮をむくように、少しずつ本来の自分に戻っていきます。


本来の自分に戻ると、何が起きるか。

誰の前でもリラックスしていられるようになります。

「これを言ったらあの人はどう思うだろう」、「調子に乗っていると思われないかな」と、頭や心がせわしなく動き回ることがなくなるからです。

相手に振り回されたり、相手を振り回したりして、発信で悩むことや、疲れることがなくなります。

また、本来の自分にふさわしい出来事や出会いが、どんどん引き寄せられてくるようになります。

あなたが頑張って引き寄せるというよりも、存在そのものを磁石《じしゃく》として引きつけるイメージです。

すると、自分でも驚くほど現実は変化していきます。

それもそのはず。自分の価値を否定していた頃の自分とは、まったく違うわけですから、引きつけるものが変わるのは当然のことです。

私たちは小さい頃に、自分を表現する勇気を失った

私たちの本音や可能性を制限している思い込みや感情の癖《くせ》は、どこからきているのでしょうか。

その原点は、両親との関係性にあります。

「三つ子の魂百まで」という言葉がありますが、思考や感情のパターンの多くが、両親からの教えや言葉、体験によって作られている場合が多いのです。

両親から100％認められて、応援されて育ってきたと言える人は多くないのではないでしょうか。

子どもをいい子に育てようとコントロールしたり、他の子どもと同じようにできない自分の子どもを直そうと責《せ》めてしまったりします。

両親に悪気はないかもしれません。

しかしそのことで、自分に自信が持てなくなっていたり、ありのままの自分を表現する勇気が損なわれたりしている可能性があります。

さらには、潜在的に眠っている才能を潰してしまうリスク、そして、社会に存在する既存のルート以外の「好きなことをして生きていく」という道が閉ざされてしまうリスクが生じるのです。

また、両親との関係性によって、健全に承認欲求《しょうにんよっきゅう》が満たされていない場合もあります。

すると、人から認められたいという気持ちが過度に強くなりがちです。

その満たされていない部分を補うために自分をよく見せようとするか、「どうせ自分なんて……」と過小評価して等身大に自分の持っているものを分かち合えなくなります。

承認欲求に振り回されて、自分らしさとは違うおかしな方向に進み、周りにやたらと迎合して自分を見失う状態になりかねません。

両親との関係性を見直すことが、1億総発信時代を自分らしく生きる鍵になるのです。

癒やしのプロセスで、発信する勇気を取り戻す

私たちは、両親から過度な期待をかけられたり、叱られたり、批判されたりしながら、傷ついて育ってきました。

もちろん楽しい経験もいっぱいあったでしょうし、褒められるなどポジティブなこともあったと思います。

しかし、両親に怒られるのが怖くて本当のことを言い出せず、期待に応えるため自分の形を歪めてきたかもしれません。私も同じような経験があるので、よくわかります。

では、どのようにすれば、心の痛みを癒やしていくことができるのでしょうか。

まずは、相手を責めたり、攻撃したりすることではないと理解するところから始めまし

ょう。

あんなこと言われて嫌だった、こうしてもらえなくて悲しかったと、自分の気持ちを認めてあげてください。

そんなことを思ってはいけないと切り捨てず、居場所を作ってあげてほしいのです。

ネガティブな感情もあなたの一部であり、これまでずっと心のなかにありました。人によっては何十年も抑圧されたままで、とても苦しかったかもしれません。

これを機に言葉にしてみて、自分の外に出してあげてほしいのです。

それだけでも傷口が乾燥し始めて、癒やしが進みます。

次に、認めてほしかった、助けてほしかった、愛してほしかったなど、イメージのなかで両親に伝えてみましょう。

「何をいまさら」とか「そんなことやっても意味がない」という抵抗感が出て、勇気がいることかもしれません。

最後に、本当は言ってほしかったことと、いま言ってもらいたい言葉を、これもイメージのなかで言ってもらってください。

「自由にさせてあげられなくてごめんね」
「おまえなら、絶対大丈夫！」
「よくやってるね、そんなに頑張らなくていいよ」
「あなたは、私の自慢の息子・娘よ」

仮にそんなことを言う姿が想像できなかったとしても大丈夫です。

相手がどう反応するかは重要ではありません。

自分の気持ちを認めてあげる勇気が、あなたを前に進めてくれる助けになるからです。

この癒やしのプロセスも繰り返していると、両親との間にあった目に見えないわだかまりが解けていきます。

それとともに、泉のように湧いてくる安心感や、きっとよくなるという信頼感が持てるようになるのです。

どんな自分にもオーケーが出せるようになって、発信のエネルギーが軽やかで自由なものに生まれ変わります。

比較や競争、嫉妬心はポジティブに使う

あなたの発信をブロックする、両親からの影響を理解できたと思います。

社会に受け入れられること、人から愛される・応援される感覚を取り戻したあなたであれば、周囲と比較することや競争することの無意味さも腑に落ちるのではないでしょうか。

ＳＮＳやブログをのぞくと、いろんな人たちが発信し、輝いている姿で溢れています。

頭のなかでは、「人と比べるなんて、意味はない」と考えていても、心のなかでは比較と競争を繰り返してしまう。

そんな自分に疲れてしまうこともあるでしょう。

いまの時代、ＳＮＳの普及によって、たくさんのことが「見える化」され過ぎてしまいました。

どんなことでもすぐにわかってしまうため、無意識のうちに嫉妬《しっと》や、他人を引きずり落としたくなるマイナスのエネルギーが生まれやすくなっています。

しかし、ここで大切なことは、憧《あこが》れや嫉妬心はエネルギーの使い方次第で、ポジティブにもネガティブにもなり得ると知ることです。

嫉妬をポジティブな方向にエネルギーを使った場合、自分がなりたい姿を知ることができたり、自分の望みを明確にする助けになったりします。

また、比較や嫉妬が生じるのは、結果にこだわっているからかもしれません。

「自分は、まだ結果が出ていない」という部分に焦点を当てているため、ネガティブな感情が湧き上がるのでしょう。

ネガティブな感情を感じたら、それを否定しないで受け止めつつ、自分のなかにある嫉妬や無価値感に気づくチャンスだと捉えてみるのも1つです。

それらの感情を癒やして自分自身を受け入れることで、意識が自由になりますし、自分自身をより前向きに育てることができます。

ちなみに、なぜ、エネルギーの話をしたのかというと、次の項の話につながるからです。

さっそく、次に進みましょう。

発信するときは、ポジティブなエネルギーを発する

発信とは、まさに「エネルギーを発する」ことです。

どのようなエネルギーを発信するかによって、創造する世界はまるで違ってきます。

自分の興味や大切なことを発信すれば、共感した人たちが集まり、楽しさや喜び、助け合いといったポジティブなエネルギーに満ちた世界が創造されていきます。

理由は簡単で、同じエネルギーを持つ人たちが集まるからです。

いっぽう世の中には、ネガティブな発信をしている人たちもいます。

そのような人たちの周りには、同じようにネガティブなエネルギーを持つ人々が集まり、SNSのタイムラインがカオスになることも少なくありません。

このように、発信するエネルギーによって、**目の前の世界や周囲とのつながりが大きく変わるのは珍しい話ではありません。**

日本には昔から、「類は友を呼ぶ」という言葉があります。同質のヒト、コト、モノが引き合うことは、古くから当たり前のこととして理解されていたわけです。

一つ事例をご紹介しましょう。

私の講座の受講生のなかに、おじいさんの介護をしている女性がいました。

日本は少子高齢化が進んでいるので、いま介護をしている方は、たくさんいます。すべての方が当てはまるとは言いませんが、介護疲れを感じている人たちも、少なくないでしょう。

それは、実際にテレビやネットなどのニュースを見ていても明らかです。

つらいことではありますが、そういうことは本当にあると、私の受講生である彼女は話してくれました。自分も介護をしている身なのでわかる、と。

ネガティブな要因を挙げていったら、キリがない。何かしらの制約や困難が、たくさんあると感じるそうです。

でも、だからこそ、ポジティブでもネガティブでもなく、ちょうどいい心の状態を保つようにしていると話してくれました。

そのような考えに至ったのには、理由があるといいます。

ふだんから愚痴や介護の苦労話ばかりを発信している人は、同じような内容の発信をしている人たち同士で集まっているのだそうです。

介護は、苦しいほうを見たら苦しい。

でもだからといって、SNSを通じてそのような人たちとつながると、朱《しゅ》に交われば赤くなるではありませんが、自分も似たような感じになっていくのがわかる。

あるとき、彼女は実験的に、ネガティブな発信をしている人たちとつながってみたそうです。自らもネガティブな発信をしながら……。

そうしたら、どんどん闇落ちしていったと教えてくれました。

後に、このままではよくないと感じた彼女は、気持ちを切り替えてポジティブな発信を始めたそうです。

介護が大変なのはわかっている。けれど、それを受け入れて、どうすれば自分も介護される側のおじいさんも、幸せになれるのか。このことを前向きに発信したのです。

ポジティブな気持ちになれないときは、無理にポジティブにならなくていい。でも、日常の小さな幸せな側面を見つけようとはしてみる。

そういうエネルギーで発信を始めたところ、それに共感した人、応援してくれる人がどんどん現れたそうです。

結果、「あなたは愛のエネルギーで発信していて素敵だ」と言われるようになり、ファンの方に紹介され、新聞でコラムを書く機会を得たのです。

発信するエネルギーがポジティブかネガティブかによって、体験する世界がまるで違うことがおわかりいただけたでしょうか。

あなたはこれから発信を通じて、どんな世界をつくっていきたいですか？

併せて、どのようなエネルギーで発信するかも、ぜひ考えてみてください。

あなたが囲まれる人間関係、体験する世界が変わります。

SNSなどのプラットフォームは「幸せと豊かさ」の増幅装置

さて、どのようなエネルギーで発信するかが大切という意味は、おわかりいただけたと思います。

実は、SNSやnote、YouTubeなどのプラットフォームが、感情の増幅装置にもなるということを、ご存知でしたか。

この増幅装置は大きく2つに分かれます。

「幸せと豊かさ」の増幅装置と、「恐れと焦り」の増幅装置です。

たとえば、信頼、愛、幸せ、豊かさなどのポジティブな感情のエネルギーから発信すると、それらは増幅されて自分のところに返ってきます。

素晴らしい人間関係に恵まれたり、チャンスがやってきたり、魅力的な仕事の依頼があったり、結果的に収入アップにつながったりなど、想像以上のことが起こるのです。

これが「幸せと豊かさ」の増幅装置として活用したときに起こる現象です。

逆に、批判や妬み、嫉《そね》み、恨み、エゴなどのネガティブな感情のエネルギーから発信すると、同様に増幅されて自分のところに返ってきます。

比較や競走の人間関係に囲まれたり、トラブルに巻き込まれたり、心身ともに病んでしまったり、本来の自分を見失ったりするのです。

これが「恐れと焦り」の増幅装置として活用したときに起こる現象といえます。

ようするに発信するときのエネルギーと、活用する増幅装置によって、受け取るものや現実は大きく変わるということです。

もしかすると、現時点で発信するのが怖くなってしまったかもしれませんが、怖がらなくても大丈夫です。

「恐れと焦り」の増幅装置が作動しているときは、何らかの違和感を覚えるものです。

どちらの装置を使うかは自分で選ぶことができますし、選び直すこともできます。

だから、安心して発信してくださいね。

加えてもう1つお伝えしたいことがあります。

これまでは発信するときのエネルギーという観点から、増幅装置についてお話ししました。

実は、増幅装置は情報を受信するときも、私たちに大きな影響を与えるのです。

たとえばSNSを使っているときにネガティブな投稿を見てしまい、イヤな気分になったり落ち込んだりしたことが、一度くらいはあるのではないでしょうか。

感情や思考をパッと切り替えることができればいいのですが、なかなかそうもいかないことがあるものです。

そこで登場するのが、先ほども触れた「恐れと焦り」の増幅装置。

自分の内側に溜まったネガティブなエネルギーは、溜まったままにしておくと、増幅装置によってどんどん増えていきます。

その結果、「自分なんかが発信しちゃダメなんじゃないか」とか「もっと実績を積んだ方がいいのかもしれない」など、自分の軸からズレて本音がわからなくなり、自己価値がどんどん下がっていくのです。

それはやがて、自分の発信にも影響を及ぼします。

「幸せと豊かさ」の増幅装置と、「恐れと焦り」の増幅装置。

この2つは、発信と受信のどちらにも作用します。

ぜひ「幸せと豊かさ」の増幅装置を活用して、「あなたならでは」の素敵な世界を広げていってくださいね。

読むだけの「サイレント読者」がたくさんいることを知る

突然ですが、「いいね」や「スキ」といったリアクションをしていない読者のことを、想像したことがありますか？

私は、そのような読み手（受け手）のことを、「サイレント受信者」もしくは、「サイレント読者」と呼んでいます。

発信する側からすると、サイレント受信者の存在はわかりづらいものです。

だからこそ、そういった方々の存在を、意図的に感じてあげることが大切だといえます。

私の友人の話を例に挙げましょう。

彼は以前、note に記事を投稿していました。

ほとんどフォロワーはおらず、読者からの反応はなかったといいます。

次第に投稿の手が止まり、更新をやめてしまいました。

その後、友人は家族で移住することに。

新天地での暮らしが始まり、お子さんを連れて保育園に行ったときのことです。

そこで知り合った方に、友人は名前を聞かれました。

名乗ったところ、相手の顔色が変わったのです。

実はその方は、友人のnoteのサイレント読者でした。

「スキ」を押したり、コメントを残したりはしなくとも、名前を聞いてすぐにわかったくらいですから、ファンと言っても言い過ぎではないでしょう。

けれども、友人はその方の存在に気づかなかったのです。発信を通じて、目に見えない交流が生まれていたにもかかわらず。

これはあくまでも一例ですが、偶然でもなんでもありません。

世の中にはあなたの発信が印象に残ったり、影響を受けたりする人たちがいます。

ためになったとか、面白いとか、応援したいなど、あなたにわかるように伝えてくれなくても、気持ちを寄せてくれる人たちがいるのです。

今後、あなたが発信を続けていくなかで「発信しているのに反応がない！」と感じたときは、ぜひこれまでの話を思い出してください。

私が考える「幸せな発信者」とは、フォロワーの存在を感じられる人です。

発信しているのに反応がないのではなく、サイレント受信者の存在を忘れているだけです。

自分の恥ずかしい話に、人は心を開く

発信を続けていると、どうしても行き詰まることがあると思います。

たとえば私の場合、毎日noteを更新していた時期があったのですが、もうすぐ日をまたぐというのに何も書けないことが何度もありました。

そんなとき、どれだけ頭を絞《しぼ》っても、言葉は1つも出てこないものです。

出てくるのは、ため息ばかり。

しまいには、もっと早く書かなかった自分を責めたり、いっそのこと休みにしたくなったりしていました。

結局、私はどうしたかというと、正直に書いたのです。

「書けない」と。

だって、考えてみてください。

何も書けないのですから。

その状況を描写するしかありませんでした。

「え？　そんな感じでいいの？」と思ったかもしれませんが、私はそれでいいと考えています。

たとえそれが、「今日は何も思いつかなかった」「こんなことしか書けない自分は、ダメだ」という内容だったとしても。

案外、人には言えない恥ずかしいことを明かしたほうが、それを見る人の心を開いたり、救いになったり、ファンになってもらえたりするものです。

こんな話もあります。

現在はＦＰ（ファイナンシャル・プランナー）として活躍している男性なのですが、以前は普通のサラリーマンでした。

寂しさからキャバクラの女性の虜《とりこ》となり、莫大な借金を抱えてからＦＰの資格を取得したそうです。

最終的に、借金は無事完済。

そのときの体験を恥ずかしさのあまり人に言えず、ＦＰとして発信するときも伏せていたといいます。

ところが、あるとき公にしたところ相談が殺到。

いまや大人気の発信者として活躍していらっしゃいます。

この事例からもわかるとおり、**自分にとって恥ずかしいことを勇気を出して明かしてみると、それを聞いた相手はすんなり受け入れてくれたり、心を開いてくれたりするものです。**

そういった体験は、やがて自分で自分を受け入れることにもつながり、過去に受けた心の傷を癒やしてくれることがあります。
仮に、さきほどの男性が恥ずかしさから、キャバクラが原因で借金していたことを隠したままだったとしましょう。もしかすると、現在の活躍はなかったかもしれません。

あなたは、人には言えない恥ずかしい話はありますか？
おそらく1つくらいはあると思います。
ほんの少し勇気を出して、それを発信してみてはいかがでしょうか。
誰かの心を救うかもしれません。

自分を励ます言葉が、未来のだれかを救う

私が主催した文章術のセミナーに、ある女性が参加してくださいました。

そこで、こうおっしゃったのです。

「末吉さんから『スキ』がついていたので、営業だと思って嫌な気分になりました。だから、どんな人か見てやろうと思って記事を見にいったんです。そうしたら、文章を読んでいるうちにすっかり引きこまれて、フォローしてしまいました」

別に自慢話をしたいわけではありません。

彼女のコメントに、発信の重要なポイントが隠れていました。

この女性は、「発信＝毎日記事を書くべき」だと思い込んでいたそうです。

けれども、私の記事に「文章は継続できなくていい」と書いてあったことで納得感があったといいます。

私が文章を書くプロだから、彼女の心に響く文章が書けたのでしょうか？

そうではありません。

私自身、毎日継続して文章を書くことがつらくなってしまったときに、自分を励ますために書いた言葉が彼女の心に響いたのです。

他にも、同じように自分のために書いた記事で、反響が大きかったものがありました。

『自己否定の一切ない世界』というタイトルでしたが、この記事を書いている私は、自己否定している真っ最中でした。

「もう、頑張らなくていいよ」

「自己否定はしちゃうものだから」

「自己否定している自分のことすら、自己否定しなくていいよ」

など、自分が言って欲しい言葉を文章にして発信したのです。

すると、私と同じ悩みを抱えている人の心に届き、さらには自己対話する文章を繰り返し発信しているうちに、私は自己否定をしなくなっていきました。

心に響く発信のコツは、あなたが自分に対して言ってあげたいありのままを書くこと。

これに尽きます。

ここで私と約束してください。

まずは「自分のために表現する」と。

第6章

勇気を出して、あなたの影響力を解放する

影響力は高めるものではなく、解放するもの

最終章でお伝えしたいこと、それは「知られる勇気」についてです。

あなたには、生まれ持った影響力があります。

あなたが本音で生きていたら、あなたの意見やキャラクターに魅了される人たちが集まってきます。

それは決して相手から認められやすいように合わせることではありませんし、助けてあげなければならない人がいるわけでもありません。

自分の本質とつながり、本当のあなたを表現していたら、自然と誰かをインスパイアしていくイメージです。

自分を隠さないでください。

たくさんの人に知られるということではなく、あなたにとって必要な人に知られる勇気を持ってほしいのです。

あなたには素晴らしい影響力が備わっているのですから。

ということでまず、影響力についてお話ししたいと思います。

影響力は高めるものではなく、解放するものです。

何かを付け足すものではありません。

影響力を高めるためのテクニックやノウハウを勉強するから余計に難しくなります。

なぜなら、「こうしなければならない」の罠にハマってしまうからです。

あなたならではの魅力からどんどん遠ざかっていきます。

型にハマったつまらない発信になっていくのです。

そうやってフォロワーが増えても、稼げたとしてもおそらく幸せにはなれません。

本来の自分ではないものになろうとしているのですから永遠に満足できないからです。

もし満足できたとしても、達成したその瞬間だけでしょう。

なぜなら、「次はあのくらいすごいことをしないと」「活躍しているあの人みたいにならないと」「そのために欠けている部分を埋めないと」などと「脱出できないゲーム」に陥ります。

知識やスキルを勉強して、いろいろ付け足すのもいいですが、自分の軸を確立することにも意識を向けてください。

発信するときも、「**こんな内容でいいの？　こんなことを言ってしまっていいの？**」と**抵抗があることを、勇気を出して発信してみてほしいのです。**

そこに影響力を解放する秘密の鍵があります。

自分では優しいと思っていた人が、「〇〇はするな！」的な厳しいテイストで発信し始めて、ブレークした例もありました。「羊の皮をかぶった狼」状態だったのです。

それから彼の顔は輝き、声にも張りが出て、たくさんの人から感謝され、お金も唸るほど入ってくるようになりました。

何よりラクになった、そう彼は言っていました。

あなたではない誰かに教えられた「こうあるべき」「この方がいい」に流されないでください。

快晴の公園にやって来て、テニスボールを放り投げたのに首輪でつながれているワンちゃん状態のあなたの影響力を解放して、気持ちよく走り出させてあげてほしいのです。

受信者の喜びや感謝のエネルギーとつながる

私のクライアントさんで（仮にBさんとします）、発信に対して勇気を持ちきれず、もったいないないと思う方がいらっしゃいました。

Bさんが、発信する前に書いた文章を読ませていただくことがありました。

それを読んで、私はお伝えしました。

「未来の読者の喜びや、感謝のエネルギーとつながって書いてみてください」

なぜそんなことを伝えたのかというと、Bさんらしさがまだ足りない感じがしたからです。

Bさんは再度、書き直して文章を送ってくださいました。

すると……、見違えるほど愛に溢れたものに変化していたのです！

うまく書こうとか、どうにかして伝えよう、ということへ向けていた意識を読者に向けただけで、人を惹きつける文章になったのです。

これには、私も驚きました。

発信者が、どんなエネルギーに接続したいのかを意識するだけで、人の心に響く、そしてその人らしい表現になるのだと改めて思いました。

あなたも、読者の喜ぶ姿を想像し、感謝するポジティブなエネルギーと繋がった状態で発信すれば、自然と勇気が湧いて、どんどん魅力や影響力は増していくのです。

人気になるのは、その人の特別になれる人

SNS、ブログ、YouTube、Kindle出版などの浸透《しんとう》により、「発信過剰《はっしんかじょう》」な世の中になりました。

有名な人、無名な人が入り混じり、コンテンツを消費する人の時間を奪い合っています。

そんな時代に、発信者として活躍できるかどうか、もしくは生き残れるかどうかは、ここにかかっています。

その人の「特別」になれるかどうか。

たとえば、

・通勤時間にはその人のブログを必ずチェックしにいく

・夜中になるとその人の YouTubeチャンネルをボーッと観る
・その人の新刊が発売されたらすかさず購入する

という具合に、個人的なつながりを感じさせることができなければ、その他大勢のなかに埋もれてしまいます。

その鍵は、「感情」に隠されています。

人は、理屈ではなく、感情で動く生き物です。

では、どうすれば、感情を動かすことができるのでしょうか？

あなたの発信に触れた人に、どんな感情を持ってもらいたいかをイメージすることです。

たとえば、有料のメールマガジンをスタートするとき、iPhone にこうメモしました。

【持ってほしい感情】
・届くのが待ち遠しい
・届くと嬉しい、ワクワクする！

・読むと安心する、前向きになる
・真剣に生きようとシャキッとする

そして、まだ見ぬ読者のみなさんの気持ちに想いを馳《は》せました。

イメージをしているうちに、私もワクワクしてくるではありませんか。

子どもの頃、好きな漫画やゲームの発売日を指折り数え、実際に手にしたときの興奮は忘れられませんが、いまでも、好きな人のメールマガジンがメールボックスに届くと、体温が1度くらい上がります。

あなたの発信に触れた人に、どんな感情を持ってもらいたいでしょうか？

ただ、書いたり、話したりするのではなく、**読者や視聴者の感情にスポットライトを当てましょう。**

ポジティブな気持ちにさせてくれたり、自信を持たせてくれたり、役に立つ情報をくれてありがとうという気持ちで、人は人のことを好きになります。特別な存在になります。

あなたの受信者一人ひとりと良好な関係を築いてください。

それはとても素晴らしいことであり、貴重な財産になります。

リアルで会えば、つながりが深まる

発信を受け取ってくださる人たちと、リアルで会う場をつくることは大切です。

これは一部の人たちはすでにやっています。

たとえば、堀江貴文《ほりえたかふみ》さんの書籍をつくった際に聞いた話です。

本気で書籍を売ろうと考えたとき、書籍が売れている人たちにインタビューをしたそうです。すると、書店巡りやサイン会など、地道な活動をしていることがわかったといいます。

売れている作家さんは、オンラインではなく、リアルで読者に会いに行っているのです。

お笑いコンビ・キングコングの西野亮廣《にしのあきひろ》さんも、似たようなことをやっていらっしゃいます。西野さんの場合は「どぶ板営業」と呼んでいて、実際にいろんな人たちに会いながら、ひざを突き合わせて話をしているそうです。

第一線で活躍している方々が、電車や新聞などの広告ではなく、直接の交流を大切にしているのですから重要なのは言うまでもありません。

これを発信に置き換えると、発信を受け取ってくれる人たちとの交流は、欠かせないということになるでしょう。

では私はどうかというと、やはりリアルでいろんな人たちと交流するのを大切にしています。

あるセミナーを開催したときのことです。

無料のコンサルティングをつけたのですが、そこで何年も私のnoteをフォローしてくださっている方と、初めてお話しすることができました。

それは私にとって喜びでしたし、すごい発見をすることにもなったのです。

たとえば、

「記事をこんなふうに読んでくださっているんだ」

「こういうことを感じてくださっていたんだ」

「人生にこんな変化が起こったんだ」など。

直接、会ってお話を聞いたり、質問を受けたりしたからこそ、いろんなことが見えてきたのです。

と、同時に、私の発信内容もブラッシュアップされました。

次の発信のテーマが見つかっただけでなく、どのようなことを書けば喜ばれるのか、求められていることはなんなのかということが、はっきりとわかったからです。

もしあなたが、すでに発信を始めているのであれば、それを受け取ってくださる方々とリアルで会う機会をつくってみてください。

きっと、喜びと驚きの発見があるはずです。

批判や炎上への恐れが自分のなかから消えていくワーク

私は電子書籍の編集に約5年間携わっていたとき、いつか自分も電子書籍を出版したいという思いを密かに抱いていました。

なぜなら、たくさんの読者やファンを獲得して、毎月少なくない額の印税を受け取る著者が次々と誕生していったからです。

うらやましさを感じるほど、メリットがたくさんあることはわかっていました。

でも、すぐに行動に移すことはできなかったのです。

なぜかというと、心のなかに抵抗があったからです。

抵抗とは、批判や炎上への恐れともいえます。

心のなかで自分に対してネガティブな言葉をかけていました。

厄介《やっかい》なのは、それを無意識のうちにやってしまっていたことです。

自分のなかに積もり積もったネガティブな言葉たちは、行動にブレーキをかけていきました。そして私は、電子書籍の出版を先延ばしにし続けたのです。

あなたがやりたいことをやれない、言いたいことを言えないのは、先回りして批判されることを恐れているからかもしれません。傷つかなくて済むからです。


あるとき、メンターの本田健さんからこんなことを教えていただきました。

それは、「Amazon の悪いレビューを自分で書いてみる」というものです。

やり方は、簡単。

否定的な意見・悪いレビューを想像して、ノートやメモ帳などに書き出します。

たとえば私の場合、

「文章の内容が薄っぺらい」

「○○さんのパクリみたいだ」

「何が言いたいのかわからない」

「調子に乗っている」

「こんなレベルの文章で本が出せるのか」


このようなことをノートに書き出しました。

さらに、それを鏡の前で読み上げます。

正直、しんどかったです。

しかしこれを通じて、私は批判や炎上への恐れを少しずつ手放すことができました。

ネガティブな意見を事前に受け入れることで、実際の批判に対する恐れが薄れて、自分の意見を堂々と言える勇気が湧いてきたのです。

さらには、言葉にポジティブなエネルギーが加わるようになり、言葉が人の心に届きやすくなり、影響力が増していったりもしました。

とはいえ、なぜ、わざわざ「Amazonの悪いレビューを自分で書いてみる」ことをやるのでしょうか。

それは、批判の本質は「自分が自分に思っていること」だからです。

「バーカ」と言われて傷つくということは、自分で自分のことをバカだと思っている可能性があります。

たとえば、私は身長が180センチあるのですが、「チビ」と言われても何も思いません。

その場にその人と私しかいなくても、別の人のことを言っているのかなと思います。

自分が自分自身を批判していなければ、他人の批判はそれほど気になりません。たとえ批判されることがあったとしても、自分のことを言われているとは感じなくなるものです。

そのように考えると、発信しようとするときに出てくる批判への恐れは、自分のなかにある自己批判を手放すチャンスということができます。

リアルな人間関係も含めて、自分の意見や本音を言うのがらくになります。

どう受け取られるのかビクビクすることが減るので、発信を楽しめるようになるのです。

誰から何を言われても気にならない。

クリアで軽やかなあなたの言葉は、たくさんの人に心地よい風のようなエネルギーを届けることでしょう。

結果が出ない自分を責めずに、タイミングと方向性を見直す

発信を続けていくと、なかなか自分で思い描いたような結果が出ないと落ち込むこともあると思います。

でも、絶対にそこで発信をやめないでください。

これには、2つの理由が考えられて、解決できる問題だからです。

1つは、タイミングが合っていないこと。

もう1つは、方向性が違っていることです。

1つ目の理由について説明します。すべての物事には最適なタイミングというものがあ

り、きっとそれは私たち人間の都合でどうこうできないものだと思います。

それを捻《ね》じ曲げてなんとかしようとしても、恐らくろくなことにはなりません。

あなたにも無理やり進めてしまって、いい結果につながらなかったことはないでしょうか。

私はnoteを始める前に、出版セミナーを受けたり、企画書を作ったりして、出版を実現させるために動いていました。

しかし、一向にうまくいきません。

そのときのことを振り返ると、まだ準備ができていないのに、無理やり進めていた気がします。

そこから、グッとハードルを下げて、noteでの発信をスタートさせました。

結果、この期間に書いていた文章が本書の一部にもなっています。

また今回は、頑張って努力する感覚ではなく、驚くほどスムーズに協力者が現れたりして、するすると現実が動いたのです。

いまはやめておくという選択、無理なくできることから始める勇気を持っておきましょ

う。

どんどん楽に、発信がうまくいくようになります。

方向性が違うことに関しても、触れておきましょう。

以前、私が電子書籍の出版をお手伝いした女性で、現在はYouTuberや作家として活躍している方がいます。

お手伝いを始めた当初、電子書籍の制作は順調に進んでいるように見えました。

ところが途中で流れが停滞して、制作が止まってしまったのです。

その後、彼女はYouTubeに自分のチャンネルを開設。

瞬く間に人気を獲得して、登録者数は20万人を超えました。

それだけでなく、のちに紙の本を出版。

現在はスピリチュアル系の作家としても大活躍中です。

このお話は、方向性が違うことによって起こる典型例だといえます。

電子書籍もYouTubeも、彼女の発信内容に大きな違いはありません。

原因は方向性が違っただけ。

ここまでのお話をまとめると、結果が出ない原因は、自分の能力や才能がなかったり努力が足りなかったりするからではないのです。

このような事態に陥《おちい》らないためには、ふだんから自分を客観視することが大切。

そうすることで、自分の置かれている状況が見えてきたり、物事の流れがわかったり、方向性のズレに気づくことがあります。

何かちょっと違う気がすると、違和感を覚えることもあるでしょう。

ここでお伝えしたことを参考にしながら、結果が出ないときも自分を責めるなんでバカなことはせず、タイミングと方向性を見直してみてくださいね。

それだけで、物事は好転します。

続けてさえいれば、それなりに上達する

さて、先ほどの結果の話にも通じますが、読者からの反応が少ないと発信をやめたくな

る人も結構います。

発信を始めたばかりの頃は、まったく反応がないなんてことはよくあるものです。頭のなかでは「まだ始めたばかりだから仕方がない」とわかっていても、やっぱりショックを受けますよね。私もそうでした。

こういうときは、「自分を信じてやり続けてみる」と、案外うまくいきます。

発信して反応がなかったとき、「自分を信じる力」を試されていると捉えて、あなたにとって必要なことや、大切だと思うことをコツコツやっていきましょう。

『かもめのジョナサン』で有名なアメリカ合衆国の小説家のリチャード・バックが、こんな言葉を残しています。

「プロの作家とは、書くことをやめなかったアマチュアのことである」

この言葉には、「発信の極意」が集約されています。

それは、続けること。

大多数の人たちは、続けることができません。

三日坊主という言葉があるように、すぐにやめてしまう人もいれば、1週間や1ヵ月でやめてしまう人もいます。

1年、3年、5年と続けられるのは、ごく一部の人たちだけ。

逆に見れば、**続けるだけで、その他大勢から抜け出すことができる**ということです。

また、続けていれば、必ずそれなりにはなれます。

天才レベルになれるかどうかはわかりませんが、自分なりにうまくできる状態にはなれると思います。

しばらく結果や反応がなくても、ひとまず「続けるだけ」でいい、気楽な選択肢を自分に与えてあげてくださいね。

10年以上発信者として愛されるための5つの習慣

何度も何度も、見たり、聞いたり、触れたりすると、それを自然に覚えてしまうものです。

たとえばテレビCMは、典型例だといえるでしょう。

特定のCMを繰り返し目にしていると、覚えてしまうものだと思います。

発信も同じです。

毎日、発信しましょうとは言いませんが、定期的に発信していると、あなたという存在を読者に覚えてもらうことができます。

大切なのは、長期にわたって発信を続けること。

極端な話、発信の内容は二の次でいいのです。

でも、継続することは、簡単なようで難しいですよね。

そこでこの項では、長期にわたって発信するために、身につけたい5つのクセについてお話ししていきます。同時に、相手を飽きさせないポイントでもあります。


すべての習慣を一気に身につけなくても大丈夫です。

できそうなことから、1つずつ身につけていってくださいね。

愛されるための習慣①▼長期視点で大局的に見る習慣

失敗する人は、短期目線にとらわれます。

すぐに結果が出る手段は、劇薬的なもので、デメリットのほうが多いといえるでしょう。

たとえば、セールスライティング。

誇大表現を使えば一気に売上は上がるかもしれません。

しかし、お客さんと信頼を築くことは難しいでしょう。

あるいは、アクセスやフォロワーを増やすやり方も同様です。

短期間で結果を出そうとすると、一時的にうまくいくかもしれませんが、長期的に生き残ることはできないと思います。

これらのことは、長年、成功し続けている企業を見ればよくわかります。

たとえば、ナイキ、Microsoft、Google、テスラなどは、株価を長期的に見てみると、最初の10年や20年はあまり変動しない時期がありました。

しかし、20年以降から次第に株価が上がり、大企業にまで成長していったのです。

成功するためには短期的な結果にとらわれず、長期的なビジョンを持ち、信頼を築く努力を継続していくことが大切だということでしょう。

これは、発信でも同じことがいえるのです。

愛されるための習慣②▼単純接触頻度の法則を活用する

単純接触頻度とは、広告を見たりメッセージを受け取ったりする回数のことを指します。人は接触する頻度が多い人やモノ、コトに対して、自然に親近感や関係性を感じるものです。

たとえば、テレビCMが1日に3回放送されて、同じCMを見る機会のある人が2人いたとしましょう。

1人は1日に3回、もう1人は3日に1回テレビCMを見たとします。

2人を比較した場合、前者のほうがテレビCMに対して親近感や関係性を強く感じるようになるのです。

この原理を発信でも利用するのです。

発信する内容も大切ですが、それ以上に大事なのは接触頻度。

曜日や時間を決めるとベストですし、それが難しい場合には週2回などとざっくり決め

て、発信をしてみてください。

読者は次第にあなたの記事を読む習慣を身につけて、毎回楽しみに待ってくれることでしょう。

愛されるための習慣③▼３つに分解して考える

物事を考えるとき、３つに分解する習慣をつけるのも大事なポイントです。

このような数値による分解は、**情報を整理しやすくするための有用な手法だといわれています。**人間の脳は、少数の要素に対しては、比較的効率的に情報を処理することができるからです。

また、これらの数値は記憶にもやさしい特徴があります。

たとえば、「３つのポイントを覚えておこう」と言われると、人はそれらを比較的簡単に記憶することができるそうです。

なので、読み手にあなたの考えや想いをスムーズに伝えるためにも、ぜひ分解グセをつけてみてくださいね。

愛されるための習慣④▼引用や事例、五感覚を入れる

引用や事例、五感覚を入れると、表現に魅力が増したり、伝わりやすくなったり、読者の興味を引きつけることができます。

引用と事例は、自分の体験でなくても構いません。

書籍やインターネットで調べてみると、いろんな情報が見つかると思います。

五感覚を入れることに関しては、ぜひチャレンジしてみてください。

読者が文章に感情を込められるのは、五感に訴えかける描写があるからこそ。

具体的に表現することで、あなたの発信はさらに豊かになり、読者の共感を今よりもっと呼び起こしてくれます。

愛されるための習慣⑤▼1つのことを7通りの言い方で表現する

発信者として長く生き残るためには、多様な表現力が必要です。

1つのことを7通りの言い方で表現する習慣を持つことで、読者の心に響きやすくなりますし、興味を引きつけることもできます。

具体的にどんなふうに言い方を変えるのかですが、難しく考えることはありません。

たとえば、ここにある商品があったとします。

購入するメリットやデメリットのほか、特徴、使い心地、素材、商品誕生秘話、人気ぶりなど、商品のことをいろんな切り口で表現できるはずです。

実際に書き出してみると、よりわかりやすいと思います。

クセづけてしまえば、誰でも簡単にできるようになりますので、ぜひチャレンジしてみてください。発信やコンテンツの幅が広がること間違いなしです。

あなたの発信は、お金になって当たり前!?

もしかしたらあなたは、文章というのは、発信というのは、無料であるという考え方をもっているかもしれません。

といいますか、そういう人が多いのではないかと思います。

なぜなら、SNSやブログなどを本当に簡単に、敷居《しきい》低く使えるようになりました。

そしてそれらは基本、無料、という認識がまだまだ多数派ではないでしょうか。

私の妻は、旅行先でレストランに行くとき、最低400件ほどのお店をチェックします。

その妻がおすすめのお店を紹介する文章を書くとしたら、果たしてそれは無料なのか、

それって何かおかしくはないか、と思うのです。

なぜなら妻は、決して少なくない時間をお店探しに費やしていて、実際に足を運び、さ

らにそれを文章にする労力もかけているわけです。

だとしたら、お金をもらってもおかしくないのではないでしょうか？

同じことが、あなたにも言えます。

あなたが、世界中であなたにしかできない経験や思考をして、それを時間や労力をかけて、大切に発信したわけです。


それは、果たして、無料でしょうか？

そんなことはないと、私は言いたい。


だからといって実際に有料にする必要はなく、あえて無料にするならいいのです。

しかし、「あなたが書くもの、生み出す言葉は、有料であって然るべき」という前提に立ったうえで無料にするのと、無料で当たり前だよねと深く考えずに無料にするのとでは天と地ほどの差が生まれます。

時間が経てば経つほどに、その差はどんどん大きくなっていきます。

この一見小さそうに見えて、本当は大きな差こそが、**発信をお金に換えられるかどうかの分かれ目なのです。**

実際に私が発信しているnoteでは、コンテンツを販売し収入を得ている人が10万人以上います。

年間売上トップ1、000人の平均売上は667万円です。

あなたの言葉には、価値があります。

自分の捉え方ひとつで、同じ発信をするにおいても、あなたが受け取れるお金や豊かさの量は、案外あっさり変わります。

発信を、お金に変える勇気を持ってください。

1億円も夢じゃない「現代の錬金術《れんきんじゅつ》」をマスターする

無形《むけい》の資産が、お金に変換される時代になりました。

無形の資産とは、自分の知識、スキル、体験、想い、メッセージなどのことです。

YouTube、音声メディア、SNS、ブログ、電子書籍など、セルフメディアが無限に揃ってきたこともあり、それらを活用して気軽に発信することができるようになったのです。

つまり、個人が有する無形の価値を、お金に換えることが容易になったといえます。

そういった意味では、発信は現代の錬金術と言っても過言ではないでしょう。

有名な、あるお笑い芸人の方が、こんな話をしていました。

ひと昔前であれば、若手の芸人はお金がなかった。

いまは中堅の芸人のほうが、お金がない。

なぜ、若手の芸人のほうが稼いでいるかというと、SNSを使ってネタを発信して、そこで収益を上げているから。

中堅の芸人の場合、SNSに詳しくないため、それが収入の差となって現れているとのことでした。

これは、お笑いの世界にかぎった話ではありません。

広く知られていない一般の人が、数万から数百万人の視聴者、あるいはフォロワーを持っていて、お金を稼いでいるケースは増えているのです。

自分の好きなことを発信して、フォロワーや視聴者、ファン、読者などがそれを楽しんだり喜んだりすることで、収益を上げているとも言えます。

人によっては、1億円以上の価値をもったコンセプトやアイデアが眠っていることもあります。

あなたらしい発信を楽しんで追求していたら、夢物語ではありません。

それは、自分のライフワークを発信する勇気、怖いなと思ってもそこに飛び込んできた勇気、そのご褒美《ほうび》なのです。

あなたは、まだ「自分にそんなことはできない」と感じているかもしれません。

でもこれはあり得ない話ではなく、すでに世の中の至るところで起こっていることです。

発信の錬金術は、これからますます普及《ふきゅう》していくでしょう。

そのときに発信を始めても遅くないですが、始めるなら早いに越したことはありません。

いまからぜひ、あなたの才能や情熱を発信してください。

1年後、3年後に「あのときから、発信をお金に換え始めてよかった」と思っていただけると思います。

「絶対」と言い切れる勇気を持つ

子どものときは何が好きか聞かれたら、「絶対これが好き！」とか「絶対こうしたい！」と言えていたのに、大人になるとそうはいきません。

「絶対にこうだ！」と断言できなくなります。

その理由は、反論されるのが怖くなるからでしょう。

ここでお伝えしたいのは、絶対という言葉を使ってほしいということではありません。

「これが自分の意見であることに絶対の自信を持っている」という状態を目指してほしいということです。

そうなれば、あなたの発信を止めるものは、もはやなくなります。

情報発信をするときはもちろん、人間関係全般において、自由な開放感が感じられるようになるでしょう。

誰に反対されようと、「私はこう思う！」と断言できる勇気を持てたら、本当に幸せなことだと思うのです。

その上、ブレや迷いがなくなるから、あなたというキャラクターが魅力的になります。

ファンはそのような人につきます。

素晴らしい技術やパフォーマンスだけではなく、その人の意見や性格に基づいて、自分がその人を好きかどうかを判断しています。

ファンというのは、理屈を超えた深いところでつながりを感じるものなのです。

では、「絶対」と言い切れる勇気を持つにはどうしたらいいのでしょうか？

自分の納得がいくまで考え抜くことです。

なぜそう言えるのか理由を考えたり、どんな反対意見がありそうか考えてください。

また、自分の意見をはっきり言っても、それが誰かの意見を否定するものではないことも、理解しておきましょう。

意見には正しいも間違いもなく、違いがあるだけだからです。

しかし、それがブレーキになって断言を避けている場合が多くあります。

自分の意見が正解かどうかを考えていたら、永遠に意見をはっきりできません。

ですから、「なんとなくこう思う」ことも「絶対」と言い切る勇気も必要になります。

最後は、自分を信じるという自信の問題になるからです。

特に日本人は、謙虚を美徳《びとく》としたり、控えめであることをよしとする文化があります。

しかし、実は「なんとなくの意見」も、あなたが考えたり、感じたり、経験してきたすべてから導き出されたものです。

誰も否定できませんし、もの凄い価値があるものかもしれないのです。

ほとんどの人が反論されるのが怖く、意見を明らかにさせることを避けます。

後から修正してもいいのです。

自分の考えを信じることを許してあげてください。

発信も、人生も、「絶対にこうだ！」と断言したり、選択できたら、本当に自由で幸せなことだと思います。

人生のテーマを発信し始める勇気が、インパクトを与える

私が発信し始めてから、たくさんの方から喜びやお礼のメッセージが届きました。

メールや直接会って言われたものを含めると数百はあります。

独立できた、ライフワークでお金をもらえた、親友ができた、両親と仲良くなった、発信で食べていけるようになった、おまけにパートナーができたなど、「人生が変わった」と言っていただくことも少なくありません。

これは、自慢したくて話しているのではありません。

あなたを待っている人がいる。

そのことを伝えたくてシェアしました。

発信を始める前、そんな確証はどこにもありませんでした。

何度も書いてきたように、自信もありませんでした。
怖いけど勇気を振り絞って発信を始めてからも、たくさん落ち込みました。
「もう無理」と何度も諦めたくなりました。
やっぱり自分はダメだ、と拗《す》ねていたこともあります。

私には、ずっと勇気がありませんでした。
勇気を出すのに苦労してきました。
だからこそ、本書を書きました。

あなたの課題こそ、人生のテーマです。
それこそが、世界へのギフトなのです。

ビジネスや政治、家族問題やジェンダー、女性の社会的地位、料理や住環境、自己肯定感など、人それぞれテーマは違うでしょう。

しかしこの世界には、この瞬間にもあなたと同じようなテーマで苦しんでいる人、不安に震えている人がいます。

あなたにとって心から大切なこと、ワクワクすること、そして、怖いこと。

それがあなたの生涯を貫《つらぬ》くテーマです。

勇気を出して、人生のテーマを発信してください。

何万人もの人を対象にする人もいれば、数人の家族が対象になっている場合もあるでしょう。人数が多ければいいというものではありません。

その人が深いところで必要としていたものを、与えることができるのです。

でも、誰かを救ってやろう、問題を解決してやろうと気負う必要はありません。

今のあなたのままを発信する勇気、必要なのはそれだけです。

1つだけ奇跡を起こせるなら、神様に何を願いますか？

最後に質問をさせてください。

「この世界に1つだけ奇跡を起こせるとしたら、神様に何を願いますか？」

あなたは、なんと答えるでしょうか。

すぐに答えが見つからなくても大丈夫です。

ゆっくりと時間をとって考えてみてください。

こういう機会でもないと、なかなか考えないと思うのです。

どんな奇跡を起こしたいと思っているのか、なんて。

ある女性は、こう答えました。

「人の顔が変わるような何かを提供したい」

ようするに彼女が言いたかったことは、「人の顔が輝いたり、綺麗になったり、笑顔になったりすることをやりたい！」だったのです。

ちなみに私は、この問いを自分にしたとき「世界を癒やしたい」という言葉が頭のなかに浮かびました。

これらはほんの一例で、答えは人の数だけあります。

・自分の可能性を信じる
・健康寿命を延ばす
・愛にあふれた家族関係　など

あなたが神様に真剣にお祈りすること。

それが発信のコアメッセージになります。

こんなことを答えていいのだろうかとか、口にするのは憚《はばか》られるとか、どうせ実現できないだろうとか考える必要はありません。

あなたが起こしたい奇跡。
それを素直に口に出してみてください。
口に出すのが難しければ、心のなかでそっと呟《つぶや》いてみるのもいいでしょう。
では、この章の締めくくりにもう1つ質問をします。
この先の人生も、それを叶えずに生きていきますか？
胸の内にとどめて、何事もなかったかのように過ごすのでしょうか。
ここで私から提案があります。

あなたの深いところに眠っているメッセージ、本書をきっかけに発信してみませんか？

その勇気は、誰かを、世界を変えます。

おわりに

発信を始めると、いろんな壁にぶつかると思います。

そのたびに、やっぱり自分には何もないと感じたり、誰からも反応がないことで心が折れそうになったり、発信が止まりそうになったりするものです。

自分のハートの声や、やりたいことがわからなくなることも、一度や二度ではないと思います。

自分が書いた文章よりも、世間や伝統、書物などで偉い人たちが残した言葉や、影響力のある人の意見のほうが正しいのではないかという気持ちになることもあるでしょう。

または自信がないことから、無意識のうちに誰かの意見を自分の意見であるかのように口にしたり、表現したりしてしまうこともあるかもしれません。

それがダメとは言いませんが、自分の本音から生まれた言葉、あるいは表現とはまるで違います。ちょっとしたところで、自分の意見や表現を曲げているようなものだからです。

強い言葉になってしまいますが、自分で自分を殺す行為に等しいといえるでしょう。

自分らしさというオリジナリティは、そこにありません。


ここでちょっと想像してみてください。

地球上には約70億人いるといわれています。

つまり、約70億通りの考え方や想い、意見があるということです。

社会的あるいは道徳的に、正しいとか間違っているというものはあります。

けれども、個人の考え方や想い、意見に、正しいとか間違っているなんてないはずです。

すべての考え方や想い、意見が正しいですし、それぞれに価値があります。

どうか、影響力のある大きな声や、誰かの意見に押し潰されないでください。

どんなに小さな声だったとしても、あなたのハートから出てきた声なのであれば、それを大切にしながら自由に表現してみることが大事です。

世界中のどこを探しても、それはあなたにしかできないことなのですから。

あなたが書くことは、あなたしか書けません。

あなたが表現することは、あなたしか表現できないのです。

そのときに大切なのは、自信を持つこと。


「私の出会った成功者たちは皆、自分を信じるようになったときに人生が好転し始めた、と言っている」


これは、アメリカ合衆国の牧師であり司会者、作家でもあったロバート・H・シュラーの言葉です。

私は発信を通じて自分を信じ始めたことで、人生が好転どころか180度変わりました。

結果が出る、出ないにかかわらず、です。

これは私だからできたのではありません。

私も、ずっと勇気がありませんでした。

本田健さんの多大なサポートのおかげで、一歩を踏み出すことができました。

そして、たくさんの友人からの応援、私を産んでくれた両親、最愛の息子と娘と妻の存在が勇気をくれました。

だからこそ、本書を通じてあなたと出会うことができたのです。

そのことを、心から幸せに思い、感謝しています。


あなたにも、できます。

必要なタイミングでは必ずサポートが入りますから、安心してください。

SNSの普及とともに、自分の意見を主張する機会が増えました。

本書で触れたとおり、その勢いが衰えることはないでしょう。

それは、恐れることではなく、楽しみなことです。

本書をきっかけに、あなたがいいと思ったものを、自由に発信していってください。

そうすることで、あなたの意見に共感したり、面白がったり、喜んだりした人たちが集まってきます。
それだけでなく、コミュニティをつくったり、セミナーやニッチな活動をするようになったりもするかもしれません。やがてそれは、あなた独自の道になります。

その流れが世の中に広がり、いろんな人たちが自分の道をつくっていけば、世界はもっと面白くなるはずです。そんな世界を、これからあなたと一緒につくっていけたら、著者としてこんなに嬉しいことはありません。

発信のことで悩んだときは、この本に戻ってきてください。
私はいつもここで、待っています。

末吉宏臣

末吉宏臣

（すえよし・ひろおみ）

セミナー講師、コンサルタント、ライフワークの専門家。コンサルタント、講師として、中小企業百社以上、大手企業十数社のコンサルティング、研修を実施。1100人を超える社長、リーダー、ビジネスで成果を上げている方と交流し、思考と心理と行動の面からその秘訣をまとめてきた。ベストセラー作家、著名なコンサルタント複数名の方々と共にコンテンツ開発、セミナーのサポートをしながら、学びを受けている。すべての経験と学びを体系化して、ビジネスで成果を出すことと幸せになることをテーマに、ライフワークの専門家としてセミナー、コンサルティングを提供している。

●末吉宏臣　公式ブログ

https://note.com/sueyoshihiroomi/

発信する勇気

2024年3月1日　初版第1刷発行

著者　末吉宏臣
発行人　櫻井秀勲
発行所　きずな出版
東京都新宿区白銀町1-13　〒162-0816
電話：03-3260-0391　振替00160-2-633551
https://www.kizuna-pub.jp
印刷　モリモト印刷

装丁　西垂水敦＋市川さつき（krran）
本文デザイン　TwoThree

ISBN978-4-86663-233-9